Nabil Ghannay

Techniques de maillage non uniforme dans la Méthode des
Moments

I0028375

Nabil Ghannay

Techniques de maillage non uniforme dans la Méthode des Moments

Caractérisation des structures planaires

Presses Académiques Francophones

Mentions légales / Imprint (applicable pour l'Allemagne seulement / only for Germany)
Information bibliographique publiée par la Deutsche Nationalbibliothek: La Deutsche Nationalbibliothek inscrit cette publication à la Deutsche Nationalbibliografie; des données bibliographiques détaillées sont disponibles sur internet à l'adresse http://dnb.d-nb.de.
Toutes marques et noms de produits mentionnés dans ce livre demeurent sous la protection des marques, des marques déposées et des brevets, et sont des marques ou des marques déposées de leurs détenteurs respectifs. L'utilisation des marques, noms de produits, noms communs, noms commerciaux, descriptions de produits, etc, même sans qu'ils soient mentionnés de façon particulière dans ce livre ne signifie en aucune façon que ces noms peuvent être utilisés sans restriction à l'égard de la législation pour la protection des marques et des marques déposées et pourraient donc être utilisés par quiconque.

Photo de la couverture: www.ingimage.com

Editeur: Presses Académiques Francophones est une marque déposée de
Südwestdeutscher Verlag für Hochschulschriften GmbH & Co. KG
Heinrich-Böcking-Str. 6-8, 66121 Sarrebruck, Allemagne
Téléphone +49 681 37 20 271-1, Fax +49 681 37 20 271-0
Email: info@presses-academiques.com

Produit en Allemagne:
Schaltungsdienst Lange o.H.G., Berlin
Books on Demand GmbH, Norderstedt
Reha GmbH, Saarbrücken
Amazon Distribution GmbH, Leipzig
ISBN: 978-3-8381-8968-0

Imprint (only for USA, GB)
Bibliographic information published by the Deutsche Nationalbibliothek: The Deutsche Nationalbibliothek lists this publication in the Deutsche Nationalbibliografie; detailed bibliographic data are available in the Internet at http://dnb.d-nb.de.
Any brand names and product names mentioned in this book are subject to trademark, brand or patent protection and are trademarks or registered trademarks of their respective holders. The use of brand names, product names, common names, trade names, product descriptions etc. even without a particular marking in this works is in no way to be construed to mean that such names may be regarded as unrestricted in respect of trademark and brand protection legislation and could thus be used by anyone.

Cover image: www.ingimage.com

Publisher: Presses Académiques Francophones is an imprint of the publishing house
Südwestdeutscher Verlag für Hochschulschriften GmbH & Co. KG
Heinrich-Böcking-Str. 6-8, 66121 Saarbrücken, Germany
Phone +49 681 37 20 271-1, Fax +49 681 37 20 271-0
Email: info@presses-academiques.com

Printed in the U.S.A.
Printed in the U.K. by (see last page)
ISBN: 978-3-8381-8968-0

Dédicaces

Au Grand Dieu
A la mémoire de ma grand-mère Fatma
A mes chers parents,
A mes chers beaux-parents,
A ma chère femme,
A ma belle Meriouma,
A mes frères et mes sœurs,
A mes beaux-frères et ma belle-sœur,
A toute ma famille,
A mes amis.

Nabil

"Il faut de l'imagination pour se représenter la réalité"

Giuseppe Pontiggia

TABLE DES MATIERES

LISTE DES FIGURES

INTRODUCTION GENERALE

Depuis l'apparition de nouvelles technologies de communications, la tendance est à l'accroissement de la complexité des circuits en hyperfréquences et dans tous les dispositifs électroniques [1], [95-97]. Il est devenu nécessaire de prédire le comportement de ces systèmes avec des modèles rigoureux. Ces derniers sont basés sur la résolution des équations intégrales régissant les champs électromagnétiques. La modélisation électromagnétique est aujourd'hui un outil incontournable de la conception des dispositifs et systèmes hyperfréquences [15]. Elle permet d'éviter de nombreuses étapes de prototypage lors de la réalisation des structures planaires. Elle permettra de plus, dans un proche avenir, d'effectuer de l'optimisation de structures planaires multicouches dans des temps de calcul convenables.

Historiquement, de nombreux modèles électromagnétiques numériques ont été proposés [32, 52, 56, 60], [98-106]. Leur histoire est liée à la taille des problèmes à résoudre mais surtout à l'évolution des capacités informatiques disponibles pour effectuer la résolution. C'est pourquoi des méthodes nécessitant de faibles ressources ont d'abord vu le jour. C'est principalement dans les années quatre-vingt que les capacités informatiques ont permis l'abord de problèmes réalistes au moyen de ces méthodes. Au cours des dernières décennies, la technologie informatique s'est très rapidement développée offrant ainsi le potentiel nécessaire à l'exécution de tels modèles.

Aujourd'hui les principales méthodes numériques appliquées aux problèmes électromagnétiques sont basées sur la résolution des équations intégrales dans le domaine fréquentiel ou temporel [47-53]. La méthode des éléments finis (FEM) est la plus répandue pour la résolution des équations dans le domaine de fréquence. La méthode des différences finies dans le domaine temporel (FDTD) et la modélisation par lignes de transmission (TLM) sont populaires pour la résolution des équations dans le domaine de temps. Une méthode numérique très utilisée depuis des années est la méthode des moments (MoM), qui a été proposée par Harrington en 1968 pour résoudre les problèmes de l'électromagnétisme.

La MoM est basée sur une formulation intégrale, déduite des équations de Maxwell, pour les valeurs de courant sur des surfaces élémentaires de la structure [56]. L'équation intégrale est alors discrétisée en fonctions de base par approximation de la distribution de courants dont la matrice est résolue numériquement. Avec l'émergence des technologies planaires la méthode des moments s'est généralisée à l'analyse de structures métalliques sur substrats diélectriques, par l'utilisation d'une fonction de Green adéquate [77-78].

Les fonctions de Green jouent un rôle clé pour la résolution du problème des équations intégrales en électromagnétisme. Ces fonctions sont introduites dans les intégrales à évaluer pour le calcul des éléments de la matrice des moments. Pour l'étude des structures planaires, les fonctions de Green réduisent la taille du problème en faisant intervenir les différents paramètres de la structure planaire à étudier (constante diélectrique, épaisseur de la couche…) ceci en satisfaisant les conditions aux limites à l'interface des couches. Par conséquent l'évaluation des fonctions de Green est une étape d'importance majeure pour la résolution du problème [22, 34, 38, 107]. Cependant une technique puissante a été proposée ; la technique des images complexes discrètes (DCIM) [108]. Le principe de cette technique est d'approximer les fonctions de Green spectrales en une somme de fonctions exponentielles complexes dont la forme spectrale connue sous la forme d'expression « closed form » [22, 38, 42, 75, 77]. L'avantage de cette technique invoque la possibilité d'éviter les calculs longs des intégrales de

Sommerfeld exigés par l'application de la MoM pour résoudre la MPIE dans le domaine spatial [22].

La résolution de l'équation MPIE par la MoM nécessite la discrétisation de la structure à étudier. Les fonctions de bases permettent de décrire la distribution du courant sur les conducteurs. Le choix des fonctions de base et de test dépend du problème électromagnétique considéré (calcul des éléments de la matrice des moments), et de la précision souhaitée. Le choix des fonctions de base et test est donc très important pour l'efficacité et la précision de la méthode des moments. Plusieurs techniques ont été proposées pour l'amélioration du temps de calcul des intégrales contenues dans les éléments de la matrice des moments. Dans [94], les intégrales quadruple obtenues par discrétisation rectangulaires (fonctions de base Roof Top) ont été réduites en intégrales double en faisant un changement de variable entre les fonctions de base et celles de test. Après dans [26, 41] les fonctions de Green dans le domaine spatial sont dérivées selon la forme « closed-form » puis approximées par une somme de série de Taylor et les intégrales se sont évaluées analytiquement.

L'application de la Méthode des Moments avec la formulation basée sur le choix des fonctions de base de type Roof Top ne donne pas des résultats satisfaisants surtout lorsqu'il s'agit de modéliser des structures complexes ayant des discontinuités. En effet le calcul des intégrales contenues dans la matrice des moments est très complexe. Il est la cause principale de la lourdeur de la MoM. Un certain nombre de méthodes avec la formulation basée sur les fonctions de base RWG existent [64, 67, 69, 93, 109]. Elles se diffèrent par la technique de calcul des intégrales contenues dans la matrice des moments. Dans [93], le remplacement des intégrales par les produits de leurs quantités aux centres des cellules triangulaires a été brièvement mentionné. Dans ce travail nous proposons une nouvelle technique de calcul des éléments de la matrice des moments. Cette technique est basée sur un choix judicieux des fonctions de base RWG définies sur les cellules triangulaires et une hybridation des deux procédures « averaging approximation » [64] et « centroid integration » [67, 87] ainsi que l'utilisation de la forme « closed form » des fonctions de Green [22, 38, 42, 75, 77]. Avec cette technique nous pouvons éliminer l'évaluation analytique des intégrales quadruples dans [41] et les intégrales doubles dans [26].

Nous commençons notre rapport de thèse, dans le chapitre premier par une présentation de l'état de l'art sur la modélisation électromagnétique des structures planaires. Nous présentons les propriétés des structures planaires ainsi que leurs différents types. Nous dévoilons les différentes techniques d'alimentation de ces structures ainsi que les outils de leur caractérisation.

Dans le deuxième chapitre nous présentons les équations de Maxwell, la convention temporelle adoptée, les potentiels vecteur et scalaire, les conditions aux limites ainsi qu'une brève introduction de la notion des fonctions de Green et leurs intérêts à la résolution du problème des équations intégrales en électromagnétisme.

Le troisième chapitre sera consacré pour la présentation des méthodes d'analyse en électromagnétisme. Nous commençons par l'introduction de l'intégration de l'analyse électromagnétique dans les phases de conception puis nous découvrons les différentes méthodes d'analyse qui peuvent être classées en deux types : les méthodes approchées (la méthode TLM, le modèle de cavité) et les méthodes rigoureuses (la méthode des éléments finis, la méthode des différences finis, la méthode des moments…).

Dans le quatrième chapitre, nous évaluons les fonctions de Green dans le domaine spatial. Les fonctions de Green dans le domaine spectral seront exprimées par une somme de fonctions exponentielles à l'aide de la méthode

GPOF (Generalised Pencil Of Functions) [78, 90]. Leurs expressions seront déterminées dans le domaine spatial en utilisant l'identité de Sommerfeld, pour éviter ainsi le calcul numérique de l'intégrale exprimant la transformée de Hankel inverse.

Ainsi dans le cinquième chapitre, nous présentons la méthode des moments et son application pour le calcul de la distribution de courant électrique sur un conducteur. Puis nous développons la nouvelle technique d'évaluation des intégrales contenues dans la matrice des moments. Cette technique est basée sur un choix judicieux des fonctions de base RWG définies sur les cellules triangulaires et une hybridation des deux procédures « averaging approximation » et « centroid integration » ainsi que l'utilisation de la forme « closed form » des fonctions de Green. Un modèle d'excitation adapté aux structures planaires sera présenté [10, 69, 70]. Pour prouver l'efficacité de notre nouvelle technique de calcul des intégrales se trouvant dans la matrice des moments, les résultats obtenus par ce travail seront comparés avec ceux issus des travaux antérieurs, reconnus comme des références.

Pour le sixième chapitre, nous présentons un certain nombre d'applications afin de valider la technique que nous avons développée dans cette thèse. Pour montrer la capacité de notre technique à l'analyse des structures planaires complexes, des prototypes seront élaborés en vue d'effectuer des mesures et de les comparer aux résultats obtenus par l'application de notre technique. Nous effectuons d'abord une étude paramétrique de l'antenne patch E [82]. Nous analysons ensuite quelques antennes RFID à savoir la structure meanderline [83].

Caractérisation des structures planaires

Calcul des fonctions de Green

GPOF + DCIM

Résolution des équations intégrales

MPIE

MoM

Discrétisation (Choix du maillage)

Applications

Calcul des éléments de la matrice des moments

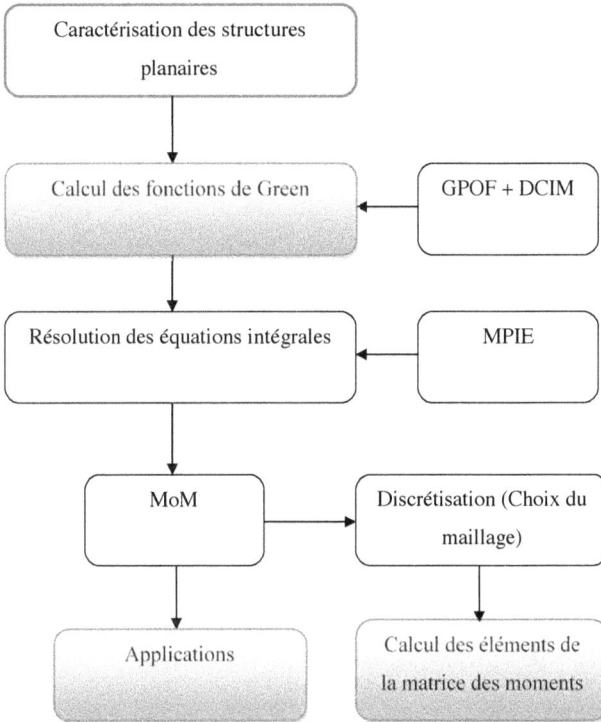

Diagramme illustrant le processus de la MoM et les techniques associées

CHAPITRE 1

LES STRUCTURES PLANAIRES

I.1 INTRODUCTION

La technologie planaire s'est développée principalement pour deux raisons. L'une est économique : la réalisation d'un circuit planaire est très peu coûteuse, ce qui compense largement les coûts de recherche et de développement. L'autre est que cette technologie se combine aisément aux circuits intégrés.

Le développement de la micro-électronique hyperfréquence couvre l'ensemble des domaines d'applications : militaire, civil (professionnel et grand public) et spatial. Remplaçant avantageusement des parties encombrantes en guides d'ondes et/ou lignes coaxiales, elle a consisté dans une première étape à assembler sur un substrat adéquat (verre Téflon, céramique, etc.) les composants actifs et passifs nécessaires à la propagation (amplification, distribution, etc.) des signaux hyperfréquences, Il s'agit de la technologie des circuits hybrides. La seconde étape a permis de rassembler tous ces composants sur un même substrat et de donner ainsi naissance au Circuit Intégré Monolithique Hyperfréquence (MMIC : Monolithic Microwave Integrated Circuit).

Dans ce chapitre nous présentons les propriétés des structures planaires ainsi que leurs différents types. Nous dévoilons les différentes techniques d'alimentation de ces structures ainsi que les outils de leur caractérisation.

I.2 PROPRIETES

Une structure planaire est constituée par une plaque diélectrique appelée substrat, d'épaisseur h, dont la face inférieure a été complètement métallisée et constitue le plan de masse [48]. La face supérieure est recouverte d'une métallisation de forme arbitraire appelée conducteur supérieur.

Le substrat constitue un support mécanique pour la structure. Ses propriétés électriques font de lui une partie intégrante de la ligne de transmission. Ainsi, on doit tenir compte de plusieurs facteurs: la résistance mécanique, la stabilité de forme, la permittivité diélectrique, les pertes, l'homogénéité, etc.. Les substrats les plus utilisés sont l'alumine (AL2O3), le quartz et le téflon [1].

La partie métallique est en matière de cuivre en raison de sa haute conductivité et de sa résistance à la corrosion. On exige du cuivre une bonne qualité pour ne pas provoquer des discontinuités et des interruptions au niveau des circuits.

Les structures géométriques des lignes planaires varient fortement d'un type de circuit planaire à l'autre par le nombre et la forme des conducteurs ainsi que par l'emplacement, l'épaisseur et les paramètres électriques du diélectrique. En conséquence, les paramètres électriques de ces diverses lignes, impédance caractéristique d'une part et longueur d'onde effective d'autre part, peuvent être très différentes.

Les structures planaires peuvent être réparties en trois classes, à savoir les guides d'ondes tels que les lignes micro-bandes, les lignes à fente et les lignes coplanaires ; les structures rayonnantes composées par des cellules uniques ou par un réseau ; et les structures qui effectuent des opérations sur un ou plusieurs signaux telles que l'amplification, le filtrage, le mélange, le déphasage, etc..

La forme générale de la structure à étudier est la suivante :

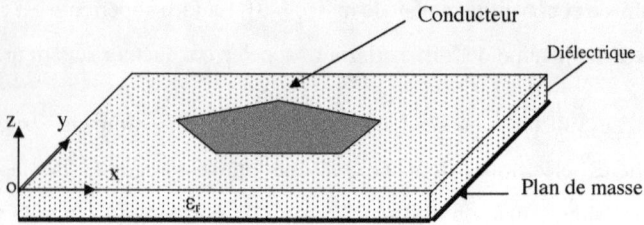

Fig. I.1 : Forme générale d'une structure planaire

I.3   LES GUIDES D'ONDES

I.3.1   **La ligne micro-bande :**

Cette ligne (Figure 2-a) comporte un substrat en diélectrique complètement métallisé sur l'une de ses faces et couvert d'une bande métallique sur l'autre face [2].

Cette ligne est non homogène puisque la propagation des ondes s'effectue d'une part dans le substrat diélectrique et d'autre part dans l'air. Il s'agit donc d'une propagation par modes hybrides ayant les six composantes du champ électromagnétique non nulles.

Pour des faibles fréquences, il s'est avéré que les composantes transverses sont très faibles. Ainsi le mode de propagation dominant peut être considéré comme quasi-TEM.

Il est aussi à noter que les composantes transverses deviennent de plus en plus importantes au fur et à mesure que la fréquence augmente. Donc, le fait de supposer que le mode de propagation dominant est le mode quasi-TEM devient erroné.

I.3.2 **La ligne à fente ou à encoche :**

C'est une ligne où les deux conducteurs formant la ligne de transmission sont déposés sur la même face du substrat diélectrique [2]. La métallisation comporte une rainure de séparation étroite gravée qui constitue la ligne.

I.3.3 **La ligne coplanaire :**

Cette ligne présente trois bandes métalliques séparées par deux fentes d'un même côté du substrat [2]. Chacun des deux plans qui se trouvent sur les côtés est à la masse et la bande centrale transporte le signal.

I.3.4 **La ligne à ailettes (fin-line) :**

La ligne à ailettes est un guide d'ondes qui contient, dans le plan de symétrie électrique, un substrat diélectrique sur lequel sont déposées des bandes conductrices séparées par une fente [3,4].

Ces lignes présentent l'avantage d'avoir de faibles pertes et de pouvoir se coupler facilement à un guide d'ondes.

I.3.5 **La ligne triplaque :**

Cette ligne présente l'avantage d'avoir une très grande bande de fréquence utile. Cette ligne est limitée en puissance à cause de l'échauffement du conducteur central. De plus, la connexion à d'autres lignes n'est pas aisée [3,4].

I.3.6   **La ligne image :**

La ligne image est utilisée aux très hautes fréquences. Elle se comporte comme un guide diélectrique. La connexion de cette ligne avec des composants actifs est très délicate, ce qui limite l'utilisation de cette ligne [3,4].

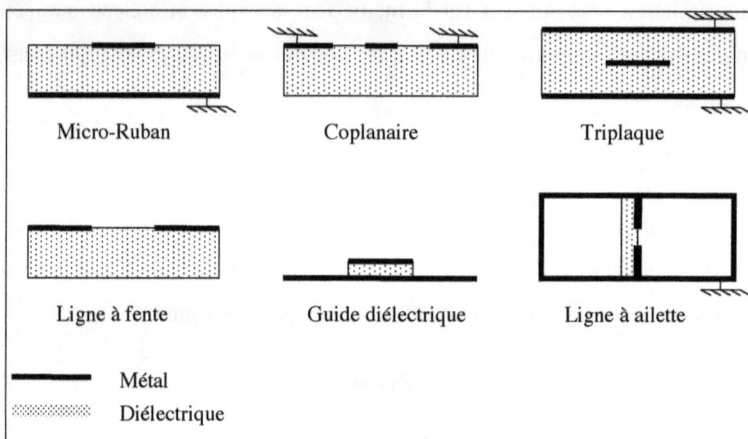

Fig. I.2 : Lignes de transmission réalisées en technologie micro-ruban

I.4   LES STRUCTURES RAYONNANTES

Ces structures planaires constituent actuellement la technologie utilisée dans la plupart des dispositifs micro-ondes. Elles peuvent être de forme rectangulaire, circulaire ou groupées, ce qui est souvent le cas, pour constituer des réseaux d'antennes qui permettent d'augmenter la bande passante [3,4].

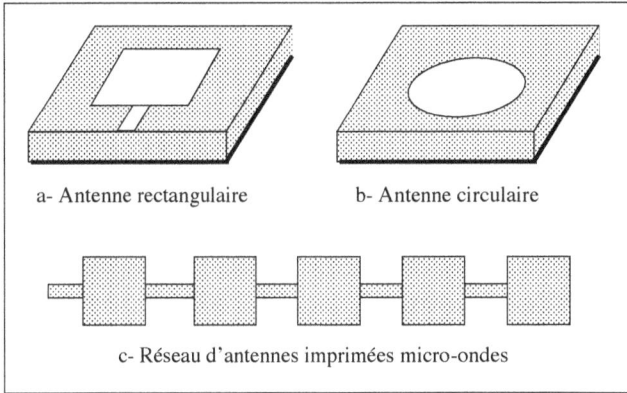

a- Antenne rectangulaire   b- Antenne circulaire

c- Réseau d'antennes imprimées micro-ondes

Fig. I.3 : Configuration d'antennes micro-ruban usuelles

De même, ces structures rayonnantes peuvent se présenter soit sous la forme d'une simple couche de diélectrique, soit sous la forme d'une superposition de plusieurs couches.

Cette dernière configuration présente la solution la plus utilisée jusqu'à présent pour augmenter la bande passante d'une antenne en technologie micro-ruban. Mais, elle est limitée essentiellement par sa réalisation délicate et son coût relativement élevé par rapport aux structures simple couche.

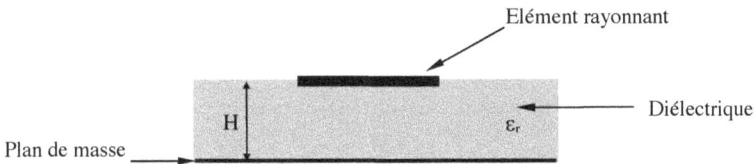

Elément rayonnant

Diélectrique

H

ε_r

Plan de masse

Fig. I.4 : Antenne simple couche

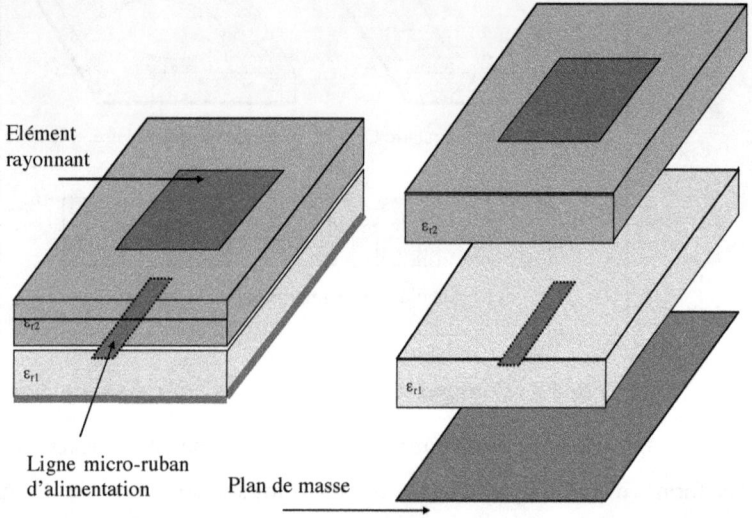

Fig. I.5 : Structure d'une antenne stratifiée

I.5   AUTRES STRUCTURES MICRO-RUBAN

Plusieurs autres structures peuvent être réalisées en technologie micro-bande, telles que celles représentées par la figure I.6, à savoir les filtres, les coupleurs, les amplificateurs, les diviseurs de puissance, etc.. [1,3,5].

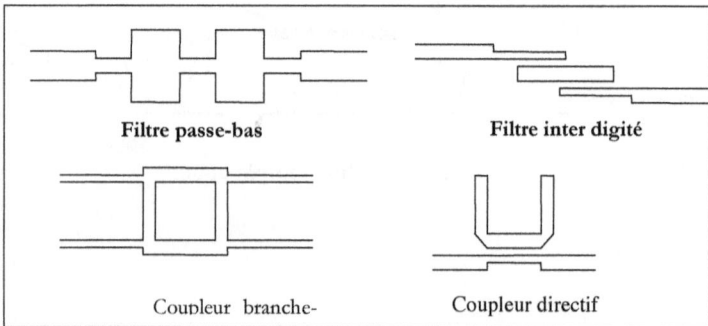

Fig. I.6 : Circuits en technologie planaire

I.6 DISCONTINUITES DES STRUCTURES PLANAIRES

La notion de lignes uniformes est théorique. En effet, le fait de vouloir fixer deux lignes l'une à l'autre ou une source à une ligne, représente de nombreuses causes de non uniformité [1].

Il est à prévoir, que toute discontinuité va engendrer des modes d'ordre supérieur. La présence de la discontinuité, en effet, impose des conditions aux limites supplémentaires auxquelles doivent satisfaire les champs électromagnétiques. La discontinuité va dès lors engendrer des modes d'ordre supérieur de façon à ce que ces conditions aux limites soient satisfaites.

Lors de la réalisation des lignes planaires, plusieurs types de discontinuités peuvent être rencontrés, tels que les coudes, les sauts d'impédance, les coupures, etc.. Ces discontinuités sont représentées par les figures 7 et 8 [1,6 ,7].

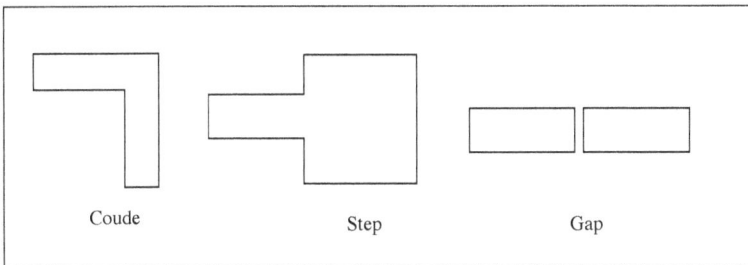

Coude   Step   Gap

Fig. I.7 : Discontinuités micro-ruban

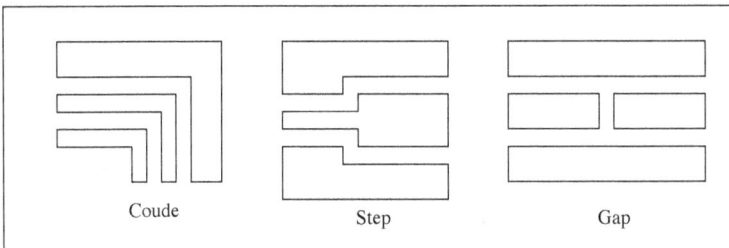

Coude   Step   Gap

Fig. I.8 : Discontinuités coplanaires

Ces types de discontinuités existent inévitablement dans les circuits imprimés. En effet, on ne peut trouver une ligne planaire parfaitement rectiligne et interrompue, ceci revient à la nature même des circuits imprimés. Les effets des discontinuités sont néfastes, dès qu'on monte en fréquence elles vont inciter l'apparition des modes parasites d'ordre supérieur. Par conséquent, leur étude est indispensable pour le bon fonctionnement des circuits imprimés.

I.7 ALIMENTATION DES STRUCTURES PLANAIRES

Les structures planaires peuvent être alimentées par une variété de méthodes. Ces méthodes peuvent être classifiées en deux catégories avec contact et sans contact. Dans les méthodes avec contact, la puissance est alimentée directement au patch en utilisant un élément de connexion tel qu'une ligne micro-ruban. Dans les techniques sans contact, le couplage de champ électromagnétique garantit le transfert de la puissance entre la ligne micro-ruban et le patch [8, 9].

Les quatre techniques d'alimentation les plus utilisées sont :

- La ligne microruban.
- La sonde coaxiale.
- Le couplage par ouverture.
- Le coulage par proximité.

I.7.1   Alimentation avec la ligne microruban

Dans ce type de technique d'alimentation, un ruban conducteur est connecté directement au bord du patch comme montré dans la figure I-9. La longueur de la bande conductrice est plus petite par rapport au patch et ce genre d'alimentation a l'avantage que l'alimentation peut être gravée sur le substrat pour fournir une structure planaire [4].

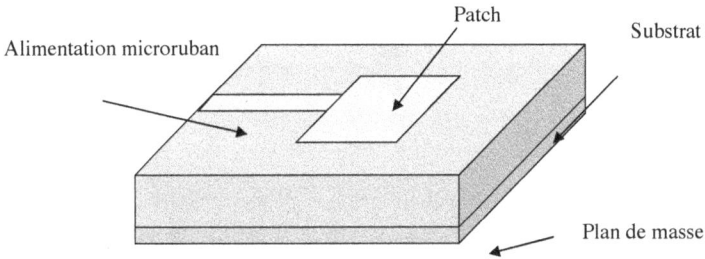

Patch

Substrat

Alimentation microruban

Plan de masse

Fig. I.9 : Alimentation d'une antenne par une ligne microruban

Cette technique d'alimentation est facile, puisqu'elle fournit la facilité de fabrication et la simplicité de modélisation, ainsi que l'adaptation d'impédance.

I.7.2   Alimentation par câble coaxiale

L'alimentation par câble coaxiale ou par sonde est une technique très connue, utilisée pour alimenter les antennes plaques. Le conducteur intérieur du connecteur coaxial s'étend à travers le diélectrique et il est soudé au patch, alors que le conducteur extérieur est relié au plan de masse.

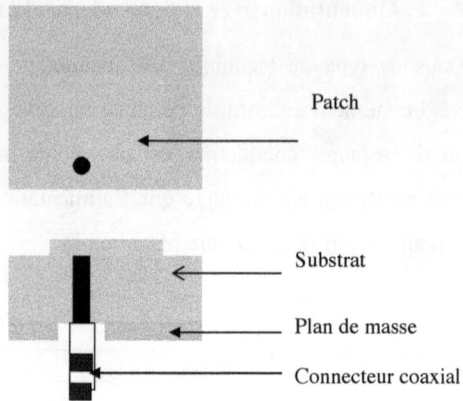

Fig. I.10 : Alimentation d'une antenne

L'avantage principal de ce type d'alimentation est qu'elle peut être placée à n'importe quel endroit désiré du patch afin d'assurer l'adaptation d'impédance. Cette méthode d'alimentation est facile à fabriquer et ayant un rayonnement parasite faible. Cependant, son inconvénient principal est qu'elle fournit une bande passante étroite et elle est difficile à modélisée puisqu'un trou doit être forcé dans le substrat et le connecteur sort en dehors du plan de masse, cela ne la rend pas complètement planaire pour les substrats épais (h> 0.002). En outre, pour des substrats plus épais, l'accroissement de la longueur de sonde rend l'impédance d'entrée plus inductive, menant aux problèmes de désadaptation [10].

I.7.3   **Alimentation couplée par ouverture**

Dans ce type d'alimentation, le patch et la ligne microruban d'alimentation sont séparés par le plan de masse comme présenté dans la figure (I.11). Le couplage entre le patch et la ligne d'alimentation est assuré par une fente ou une ouverture dans le plan de masse.

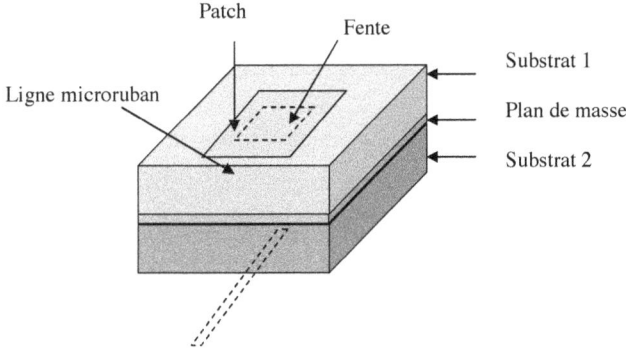

Fig. I.11 : Alimentation couplée par ouverture

L'ouverture du couplage est habituellement centrée sous le patch. La quantité de coulage à partir de la ligne d'alimentation au patch est déterminée par la forme, la taille et l'emplacement de l'ouverture. Puisque le plan de masse sépare le patch et la ligne d'alimentation, le rayonnement parasite est minimisé [4]. D'une façon générale, un matériau ayant une constante diélectrique élevée est employé pour le substrat inférieur, alors qu'un matériau épais et ayant une constante diélectrique faible est employé pour le substrat supérieur afin d'optimiser le rayonnement du patch.

L'inconvénient majeur de cette technique d'alimentation est qu'elle présente des difficultés au niveau de la fabrication en raison des couches multiples, qui augmentent également l'épaisseur de la structure planaire.

I.7.4   Alimentation couplée par proximité

Cette technique d'alimentation est connue également sous le nom de coulage électromagnétique. Deux substrats diélectriques sont employés tels que la ligne d'alimentation est située entre les deux substrats. Le patch est imprimé sur le substrat supérieur comme le montre la figure I-12. L'avantage principal de cette technique d'alimentation est qu'elle élimine le rayonnement parasite due à l'alimentation et fournit une largeur de bande très élevée, en raison de l'augmentation globale de l'épaisseur de l'antenne imprimée [11].

Cette technique fournit également des choix entre deux milieux diélectriques différents, un pour le patch et un pour l'alimentation pour optimiser les performances de l'antenne.

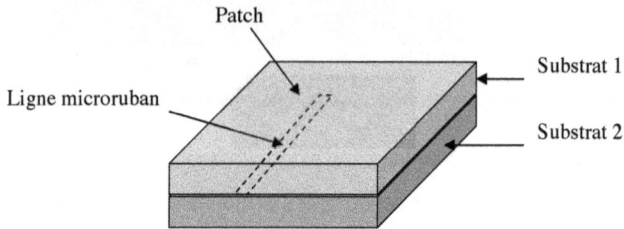

Fig. I.12 : Alimentation couplée par proximité

L'adaptation peut être réalisée en contrôlant la longueur de la ligne d'alimentation. L'inconvénient principal de cette technique d'alimentation est qu'elle est difficile à fabriquer en raison des deux couches diélectriques qui nécessitent un alignement approprié. En outre, il y a une augmentation de l'épaisseur globale de l'antenne.

I.8 CARACTERISATION DE QUELQUES STRUCTURES PLANAIRES

Les lignes micro-ruban et les lignes coplanaires sont les structures les plus utilisées dans les cartes électroniques. Cette ébauche permettra de nous familiariser avec ces deux types de structures et de dégager leurs spécificités.

Nous commençons d'abord par rappeler certaines définitions relatives aux paramètres électriques des structures étudiées.

I.8.1 Définitions

1- Impédance caractéristique : Lorsqu'un signal se propage le long d'une ligne de transmission, l'impédance caractéristique est définie comme la charge vue par le générateur à l'entrée de cette ligne [1].

2- Permittivité effective : C'est la constante diélectrique effective du substrat. Elle caractérise la permittivité qu'aurait une structure de même géométrie, remplie d'un matériau uniforme possédant les mêmes caractéristiques de propagation. Ainsi, pour déterminer la permittivité effective, on remplace la structure inhomogène par une ligne de mêmes dimensions, mais plongée dans un seul milieu homogène de permittivité effective ε_{eff}.

Plusieurs méthodes ont été élaborées afin de déterminer des formules empiriques permettant de calculer la permittivité effective et l'impédance caractéristique pour différentes structures planaires [12].

3- Notion de modes : Un mode propre est défini comme une solution particulière des équations de Maxwell pour une direction de propagation donnée. La solution générale des équations de Maxwell serait alors une combinaison des différents modes propres de ce conducteur. Si la composante du champ électrique E est nulle suivant la direction de propagation, on a alors affaire à des modes transverses électriques (TE). Par contre, si la composante du champ magnétique est nulle suivant la direction de propagation, les modes sont dits alors transverses magnétiques (TM). Si les deux composantes sont nulles, les modes sont transverses électromagnétiques (TEM). Enfin, si les deux composantes ne sont pas nulles, les modes sont dits hybrides [11,13].

Toutefois, il existe un autre mode appelé quasi-TEM. En effet, Les champs du mode quasi-TEM possèdent des composantes transversales comme les champs associés au mode TEM, ils possèdent aussi des composantes longitudinales, seulement ces dernières sont très faibles par rapport aux composantes transversales. Ce mode quasi-TEM reste admissible jusqu'à une certaine fréquence limite. Au-delà de cette fréquence, il s'écarte du mode TEM et l'approximation n'est plus valable.

Il est à noter qu'à faibles fréquences (de l'ordre de quelque Gigahertz), la plupart des lignes planaires sont des lignes TEM ou quasi-TEM, il s'agit du mode fondamental [1]. Les circuits planaires se distinguent des conducteurs à structure fermée par le fait qu'à une fréquence donnée les conducteurs ouverts possèdent un nombre fini de modes de propagation. Par contre les circuits enfermés dans des boîtiers sont caractérisés par un nombre infini de modes discrets de propagation.

I.8.2   Ligne micro-ruban : Modèle de Hamerstad

Une ligne micro-ruban est constituée d'un conducteur séparé du plan de masse par un substrat de constante diélectrique ε_r. Le plan de masse est lié au potentiel nul, ce qui confère à la ligne une impédance uniforme. Les paramètres géométriques de la ligne micro-ruban sont donnés par la figure suivante.

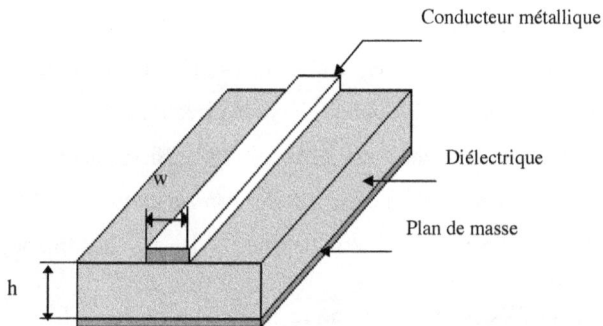

Fig. I.13 : Ligne micro-ruban

Les paramètres caractérisant la ligne micro-ruban sont :

La permittivité relative du substrat ε_r : plus la permittivité est grande plus le champ électromagnétique est concentré dans le substrat.

L'épaisseur h : généralement de l'ordre de quelques dizaines de millimètres.

La largeur du ruban w : elle est du même ordre de grandeur que h. La variation de w permet de contrôler l'impédance caractéristique de la ligne.

L'épaisseur t du ruban : généralement très faible.

Le mode dominant de la ligne micro-ruban est le mode quasi-TEM [1].

L'intérêt de ce guide est la facilité d'implantation des composants pour les technologies hybrides et l'utilisation directe du guide sur le substrat pour les technologies monolithiques.

De nombreux modèles ont été proposés pour l'étude du mode quasi-TEM associé aux lignes micro-rubans. Ces modèles proposent des formules empiriques pour l'impédance caractéristique et la permittivité effective.

Le modèle pour lequel on a opté est celui proposé par Hammerstad. Ce modèle fait l'hypothèse du mode quasi-TEM dans une ligne micro-ruban de largeur infinie. Le métal étant infiniment conducteur et le ruban étant infiniment fin.

Les expressions de l'impédance caractéristique et de la permittivité effective sont données par [12] :

Permittivité effective :

$$\varepsilon_{\text{eff}} = \frac{\varepsilon_r + 1}{2} + \frac{\varepsilon_r - 1}{2}\left(\left(1 + \frac{12h}{w}\right)^{-1/2} + 0.04\left(1 - \frac{w}{h}\right)^2\right), \text{pour} \frac{w}{h} \leq 1 \qquad (1.1)$$

$$\varepsilon_{\text{eff}} = \frac{\varepsilon_r + 1}{2} + \frac{\varepsilon_r - 1}{2}\left(1 + \frac{12h}{w}\right)^{-1/2}, \text{pour} \frac{w}{h} \geq 1 \qquad (1.2)$$

Impédance caractéristique :

$$Z_c = \frac{60}{\sqrt{\varepsilon_{\text{eff}}}} \text{Ln}\left(\frac{8h}{w} + 0.25\frac{w}{h}\right), \text{pour} \frac{w}{h} \leq 1 \qquad (1.3)$$

$$Z_c = \frac{120\pi}{\sqrt{\varepsilon_{\text{eff}}}}\left(\frac{w}{h} + 1.393 + 0.667 Ln\left(\frac{w}{h} + 1.444\right)\right)^{-1}, \text{pour} \frac{w}{h} \geq 1 \qquad (1.4)$$

Des facteurs correctifs peuvent être introduits lorsque l'épaisseur du ruban n'est pas négligeable ou lorsqu'il y a présence d'un couvercle.

Il est important de noter que ces formules ne sont valables que pour une gamme de fréquences inférieure à la fréquence de coupure du premier mode d'ordre supérieur. Cette fréquence de coupure est donnée par la formule empirique suivante :

$$f_c = \frac{1}{2w\sqrt{\mu_0 \varepsilon_r \varepsilon_{\text{eff}}}} \qquad (1.5)$$

Au-delà de cette valeur on ne peut parler du mode quasi-TEM seul, il y a apparition d'autres modes supérieurs.

I.8.3   Ligne coplanaire : Modèle de Gupta

La réalisation de circuits utilisant des guides micro-rubans est contrainte par la traversée du substrat pour atteindre le plan de masse. Cette technique se faisant via des trous (holes) s'avère très coûteuse. Ce qui a sollicité le développement de la technique de guides coplanaires CPW

(Coplanar waveguide). Les lignes coplanaires se distinguent des guides micro-rubans par le fait que tous les conducteurs se trouvent tous sur le même côté du substrat. Les deux rubans aux extrémités sont liés à la masse. Les paramètres géométriques de la ligne coplanaire sont décrits par la figure I.14.

L'intérêt de ce guide c'est qu'il possède plusieurs paramètres qu'on peut faire varier pour obtenir différentes valeurs d'impédances. On peut par exemple varier la largeur du ruban central (w) comme on peut varier l'écart entre les rubans (s).

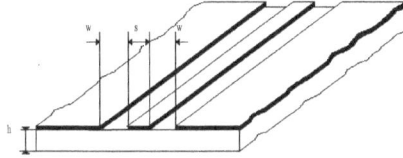

Fig. I.14 : Structure de base d'un guide coplanaire

Dans une certaine plage de fréquences, ce guide est l'objet de deux modes quasi-TEM. Le premier mode est le mode coplanaire impair dont le plan de symétrie peut être remplacé par un court-circuit magnétique. Le deuxième mode est le mode fente dont le plan de symétrie peut être remplacé par un court-circuit électrique [12].

Pour éliminer le mode fente, on a recours à court-circuiter les deux demi-plans de masse par un fil soudé (bonding) ou par un pont d'air (air bridge).

Dans la pratique, les conducteurs à l'extrémité possèdent une largeur finie. En outre, pour des raisons technologiques, on place un plan de masse sur la face inférieure. On obtient ainsi la configuration suivante :

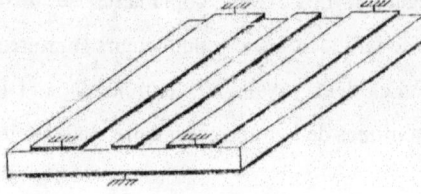

Fig. I.15 : Structure modifiée d'un guide coplanaire

Avec cette configuration, il apparaît un troisième mode parasite appelé mode strip ou mode ruban. Ce mode a la même parité que le mode coplanaire mais reste négligeable devant celui-ci [12].

Pour caractériser les lignes coplanaires (Figure I.14), on a besoin de déterminer l'impédance caractéristique et la permittivité effective.

Dans les mêmes conditions établies pour les guides micro-rubans, le fonctionnement du guide coplanaire pour le mode TEM coplanaire peut être décrit par les formules empiriques déterminées par Gupta [12] :

Permittivité effective :

$$\varepsilon_{eff} = \frac{\varepsilon_r + 1}{2}\left(\tanh\left(1.785\ln\left(\frac{h}{w}\right) + 1.75\right) + \frac{kw}{h}\left(0.04 - 0.7k\right) + 0.01\left(1 - 0.1\varepsilon_r\right)\left(0.25 + k\right)\right) \qquad (1.6)$$

avec : $k = \dfrac{s}{s + 2w}$

Impédance caractéristique :

$$Z_c = \frac{30\pi}{\sqrt{\varepsilon_{eff}}}\frac{K'(k)}{K(k)} \qquad (1.7)$$

avec :

$$\frac{K'(k)}{K(k)} \approx \frac{1}{\pi} Ln\left(2\frac{1+\sqrt{k}}{1-\sqrt{k}}\right) \qquad \textbf{si } \frac{1}{\sqrt{2}} \leq k \leq 1 \qquad (1.8)$$

$$\frac{K'(k)}{K(k)} \approx \frac{\pi}{Ln\left(2\frac{1+\sqrt{k}}{1-\sqrt{k}}\right)} \qquad \textbf{si } 0 \leq k \leq \frac{1}{\sqrt{2}} \qquad (1.9)$$

I.9 CONCLUSION

Dans ce chapitre nous avons présenté les propriétés des structures planaires, nous avons cité leurs différents types ainsi que leurs techniques d'alimentation. Nous avons présenté les outils pour caractériser ces structures.

Dans le domaine des micro-ondes, les dimensions des structures planaires réalisées sont de même ordre de grandeur que la longueur d'onde électromagnétique. C'est pourquoi, nous devons tenir compte de plusieurs phénomènes tels que les phénomènes de propagation, de couplage, de discontinuité, etc..

De plus, pour concevoir des structures planaires, il a fallu développer de nouvelles méthodes de calcul, adaptées aux structures ayant des discontinuités. A cet égard, une difficulté importante est apparue du fait que ces dispositifs ne sont pas fermés et que dès lors, les conditions aux limites des matériaux constituants ne sont pas simples.

CHAPITRE 2

LE FORMALISME ELECTROMAGNETIQUE

II.1 INTRODUCTION

La formulation d'un problème est une étape incontournable qui précède l'application de la méthode numérique de résolution. D'une manière générale la formulation sous la forme d'une équation intégrale, différentielle ou intégro-différentielle implique le calcul des grandeurs volumiques telles que potentiels et champs. Les distributions de charges et de courant se déduisent alors par les conditions aux limites des champs sur les conducteurs [14, 15]. A cet égard nous présentons dans ce chapitre des équations de Maxwell, la convention temporelle adoptée, les potentiels vecteur et scalaire, les conditions aux limites ainsi qu'une brève introduction de la notion des fonctions de Green et leurs intérêts à la résolution du problème des équations intégrales en électromagnétisme.

II.2 LES EQUATIONS DE MAXWELL

Les phénomènes électromagnétiques sont régis par les équations de Maxwell. Ces équations relient les quatre vecteurs caractéristiques du champ électromagnétique :

- $\vec{E}$ le champ électrique,
- $\vec{H}$ le champ magnétique,
- $\vec{D}$ l'induction électrique,
- $\vec{B}$ l'induction magnétique.

Dans un milieu homogène isotrope, les équations de Maxwell s'écrivent :

$$\overrightarrow{rot}\,\vec{E} = -\frac{\partial \vec{B}}{\partial t} \tag{2.1}$$

$$\overrightarrow{rot}\,\vec{H} = \vec{J} + \frac{\partial \vec{D}}{\partial t} \tag{2.2}$$

$$div\,\vec{D} = \rho \tag{2.3}$$

$$div\,\vec{B} = 0 \tag{2.4}$$

Avec $\vec{J}$ la densité de courant électrique et ρ la densité de charges électriques. Les champs électrique $\vec{E}$ et magnétique $\vec{H}$ sont reliés aux inductions électrique $\vec{D}$ et magnétique $\vec{B}$ par les capacités inductives du milieu de propagation : la perméabilité μ et la permittivité ε. Pour un milieu isotrope on a :

$$\vec{D} = \varepsilon\,\vec{E} \tag{2.5}$$

$$\vec{B} = \mu\,\vec{H} \tag{2.6}$$

II.3   LA CONVENTION TEMPORELLE ADOPTEE

Nous nous plaçons dans le cadre d'un régime harmonique et nous adoptons la convention temporelle $e^{j\omega t}$. Alors, toutes les grandeurs dépendantes du temps s'écrivent

$$U\,(r,t) = U\,(r)\,e^{j\omega t} \tag{2.7}$$

Avec cette convention, dériver par rapport au temps équivaut à multiplier par $j\omega$.

Dans la suite, nous omettrons l'écriture du facteur $e^{j\omega t}$ et les dérivations temporelles seront directement traduites par la multiplication par $j\omega$.

Avec cette convention, le système d'équations de Maxwell (1.1)-(1.4) en régime harmonique et en tenant compte des équations constitutives (1.5) et (1.6) se réécrit :

$$\overrightarrow{rot}\vec{E} = -j\omega\mu\vec{H} \tag{2.8}$$

$$\overrightarrow{rot}\vec{H} = \vec{J} + j\omega\mu\vec{E} \tag{2.9}$$

$$div\vec{E} = \frac{\rho}{\varepsilon} \tag{2.10}$$

$$div\vec{H} = 0 \tag{2.11}$$

II.4 LES POTENTIELS VECTEUR ET SCALAIRE

Pour analyser les champs électromagnétiques, on peut introduire des fonctions auxiliaires appelés potentiels. L'équation à résoudre par la méthode des moments est écrite sous forme d'une formulation intégrale mixte. Cette équation fait apparaître les potentiels vecteur A et scalaire ϕ .

Le potentiel vecteur est relié à la fonction de Green dyadique $\overline{\overline{G_A}}$ et à la distribution de courant surfacique J par la relation suivante [16]:

$$A(r) = \mu \iint_S G_A(r,r') \cdot J \ (r') ds' \tag{2.12}$$

Le potentiel scalaire ϕ est relié à la fonction de Green du potentiel scalaire G_q et à la densité de charge surfacique ρ_S par la relation suivante [17] :

$$\phi(r) = \frac{-1}{j\omega\varepsilon} \iint_S G_q(r,r') \big(\nabla' J \ (r')\big) ds' \tag{2.13}$$

Comme les densités de charge ρ_S et de courant J sont reliées par l'équation de continuité, on a alors :

$$\rho_s(r') = -\frac{1}{j\omega}\nabla'J\ (r')$$ (2.14)

Donc, l'équation (I.10) devient :

$$\phi(r) = \frac{-1}{j\omega\varepsilon}\iint_S G_q(r,r')\big(\nabla'J\ (r')\big)ds'$$ (2.15)

A l'aide des équations de Maxwell, nous pouvons exprimer le champ électrique sur le conducteur à partir des potentiels vecteur A et scalaire ϕ.

$$E^d = -j\omega A - \nabla\phi$$ (2.16)

Avec E^d : Champ électrique diffracté.

(1.14), (1.15) et (1.16) donnent :

$$E^d = -j\omega\mu\iint_S G_A(r,r')\cdot J\ (r')ds' + \frac{1}{j\omega\varepsilon}\nabla\iint_S G_q(r,r')\big(\nabla'J\ (r')\big)ds'$$ (2.17)

II.5 LES CONDITIONS AUX LIMITES :

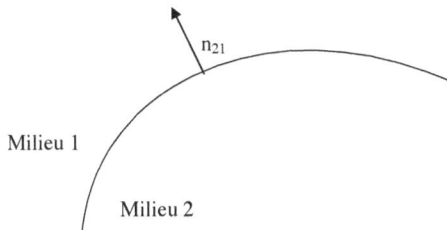

Fig. II.1: Interface entre deux milieux

Les conditions aux limites permettent d'établir les relations de continuités des champs au passage de cette interface de normale sortante.

Au passage d'une interface (Fig. II.1), les conditions aux limites imposent les relations de continuité suivantes :

$$n_{21} \wedge (E_1 - E_2) = -K_s \qquad (2.18)$$

$$n_{21} \wedge (H_1 - H_2) = J_s \qquad (2.19)$$

J_s Avec la densité surfacique de courant électrique à l'interface et K_s la densité surfacique de courant magnétique équivalent à l'interface.

II.6 LES FONCTIONS DE GREEN

Les fonctions de Green jouent un rôle clé pour la résolution du problème des équations intégrales en électromagnétisme. Ces fonctions sont introduites dans les intégrales à évaluer pour le calcul des éléments de la matrice des moments. Pour l'étude des structures planaires, les fonctions de Green réduisent la taille du problème en faisant intervenir les différents paramètres de la structure planaire à étudier (constante diélectrique, épaisseur de la couche…) ceci en satisfaisant les conditions aux limites à l'interface des couches. Par conséquent l'évaluation des fonctions de Green est une étape d'importance majeure pour la résolution du problème.

II.6.1 Notion de fonctions de Green

Les fonctions de Green constituent un outil mathématique couramment utilisé en physique pour résoudre des problèmes régis par des équations différentielles linéaires non homogènes [18, 19]. L'équation typique résolue à l'aide de la théorie de Green se met sous la forme générique suivante :

$$Lf(r) = u(r) \qquad (2.20)$$

où L est un opérateur intégro- différentiel linéaire, $u(r)$ est une fonction connue de la variable d'espace r que l'on appellera fonction source et $f(r)$ est la fonction recherchée.

Les équations intégrales du problème à résoudre peuvent se mettre sous la forme (2.20). La méthode des fonctions de Green repose sur la résolution de l'équation caractéristique associée à (2.21) avec pour terme source une distribution de Dirac :

$$Lg(r, r') = - \delta(r, r') \qquad (2.21)$$

Les fonctions $g(r, r')$ solutions de l'équation (2.21) sont appelées fonctions de Green. Les fonctions de Green dépendent toujours des deux vecteurs positions r et r', appelés point source et point d'observation respectivement. A un problème donné, on peut associer de nombreuses fonctions de Green qui dépendent des conditions aux limites imposées lors de leur calcul.

La solution générale $f(r)$ de l'équation (2.20) s'exprime alors sous une forme variationnelle dans laquelle la fonction de Green $g(r, r')$ et la fonction source $u(r)$ apparaissent et on peut écrire:

$$f(r) = L^{-1} u(r) \qquad (2.22)$$

$$f(r) = L^{-1} \int \delta(r - r') \, u(r') \, dr' \qquad (2.23)$$

$$f(r) = - \int g(r, r') \, u(r') \, dr' \qquad (2.24)$$

Ainsi, la fonction $f(r)$ définie par (2.22) est bien une solution de l'équation différentielle (2.20). Ce calcul suppose que l'intégrale et l'opérateur L peuvent commuter lors du passage. Ce qui impose quelques précautions dans l'application de cette méthode aux problèmes que l'on cherchera à résoudre.

Dans un problème de propagation scalaire ou vectorielle, c'est l'équation de Helmholtz qui régit le comportement de la grandeur propagée [20]. Supposons que notre grandeur est scalaire et notée f et que le terme source est noté u. Alors l'équation scalaire de Helmholtz s'écrit :

$$\nabla^2 f(r) + k^2 f(r) = -u(r) \tag{2.25}$$

On montre que g vérifie l'équation de Helmholtz avec une distribution de Dirac comme terme source [20, 111] :

$$\nabla^2 g(r) + k^2 g(r) = -\delta(r) \tag{2.26}$$

On peut alors démontrer que la fonction de Green $g(r, r')$, solution de cette équation, se met sous la forme suivante :

$$g(r,r') = \frac{e^{-jk|r-r'|}}{4\pi|r-r'|} \tag{2.27}$$

En résumé, la solution recherchée *f(r)* est formulée à l'aide de la fonction donnée *u(r)* et de la fonction de Green adaptée au problème à résoudre.

II.6.2   Les fonctions de Green dyadiques en électromagnétisme

Les fonctions de Green scalaires constituent un outil parfaitement adapté à la résolution d'équations de propagation scalaires comme en acoustique par exemple [21]. Cependant en électromagnétisme, la nature vectorielle des grandeurs et des équations qui régissent la propagation imposent l'utilisation de fonctions de Green dites "dyadiques". Ces fonctions de Green dyadiques peuvent être introduites dans le domaine spatial en se basant sur la transformée de Hankel inverse [22] :

$$G = \frac{1}{4\pi} \int_{CIS} \tilde{G}\, H_0^{(2)}\left(k_\rho \rho\right) k_\rho \, dk_\rho \qquad (2.28)$$

Où
:

- G est la fonction de Green spatiale.

- $\tilde{G}$ est la fonction de Green spectrale.

- $H_0^{(2)}$ est la fonction de Hankel de deuxième espèce.

- CIS est le contour d'intégration de Sommerfeld.

Ainsi, en utilisant l'identité de Sommerfeld, nous pouvons évaluer

analytiquement la transformée de Hankel inverse :

$$\frac{1}{2j} \int_{-\infty}^{+\infty} \frac{e^{-jk_z|z|}}{k_z} H_0^{(2)}\left(k_\rho \rho\right) k_\rho \, dk_\rho = \frac{e^{-jkr}}{r} \qquad (2.29)$$

Avec $\begin{cases} r^2 = \rho^2 + z^2 \\ k^2 = k_\rho^2 + k_z^2 \end{cases}$

Le calcul numérique direct de cette intégrale entraîne un temps de

calcul long et contraignant [23]. En revanche, plusieurs méthodes ont été

élaborées pour pouvoir évaluer analytiquement ces intégrales. Parmi ces

méthodes, nous citons la méthode de Prony et la technique de Matrix Pencil

connu sous le nom GPOF (Generalised Pencil Of Functions). Ces

techniques consistent à approximer les fonctions de Green dans le domaine

spectral par des fonctions exponentielles complexes [17, 22, 24].

Ainsi, en utilisant l'identité de Sommerfeld, nous pouvons évaluer

analytiquement la transformée de Hankel inverse :

L'étude qui a été menée par [22] a montré que la méthode GPOF permet de donner une bonne approximation des fonctions de Green spectrales, et ce, pour une large bande de fréquence et pour un nombre de fonctions exponentielles pas très élevé.

Les expressions des fonctions de Green dans le domaine spatial sont données par [17] :

II.6.2.1 Fonctions de Green pour le potentiel vecteur :

$$G_A(\rho) = \frac{1}{4\Pi} \sum_{i=1}^{M+1} R_{RTE}(i) \frac{e^{-jk_0 r_{GA}(i)}}{r_{GA}(i)} \tag{2.30}$$

Avec $r_{GA}(i) = \sqrt{\rho^2 - S_{RTE}^2(i)}$,

$$\begin{cases} R_{RTE}(M+1) = 1 \\ S_{RTE}(M+1) = 0 \end{cases}$$

et $\rho = \sqrt{(u+u_0)^2 + v^2}$

II.6.2.2 Fonctions de Green pour le potentiel scalaire :

$$G_q(\rho) = \frac{1}{4\Pi} \sum_{i=1}^{M+1} R_{RTEQ}(i) \frac{e^{-jk_0 r_{Gq}(i)}}{r_{Gq}(i)} \tag{2.31}$$

Avec $r_{Gq}(i) = \sqrt{\rho^2 - S_{RTEQ}^2(i)}$,

$$\begin{cases} R_{RTEQ}(M+1) = 1-k \\ S_{RTEQ}(M+1) = 0 \end{cases}$$

et $\rho = \sqrt{(u+u_0)^2 + v^2}$

Les termes d'ordre supérieur à « M+1 » dans les fonctions de Green représentent les parties statiques [23].

II.7 LES ÉQUATIONS INTÉGRALES

La méthode des moments est l'une des techniques numériques les plus utilisées pour la résolution des équations intégrales dans l'analyse des structures planaires [25-42]. Bien que cette méthode soit très appropriée pour de telles structures, elle demande des informations supplémentaires par rapport à d'autres techniques rigoureuses : la connaissance des fonctions de Green appropriées à l'équation intégrale utilisée pour l'analyse. En première étape, il faut chercher les paramètres des fonctions de Green de différents champs et potentiels ; en deuxième étape, une équation sous la forme intégrale doit être écrite pour les champs électromagnétiques dans des environnements multicouches planaires. Les équations intégrales sont des équations avec des fonctions inconnues sous l'opérateur intégral, et en général ils n'ont pas de solutions analytiques approchées. On peut trouver plus qu'une équation intégrale régissant le même problème pour les différents champs ou potentiels.

II.7.1 Equation intégrale au champ électrique (EFIE) :

Rappelons que le champ diffracté est créé par des densités de courant existant sur des métallisations soumises elles-mêmes à un champ d'excitation. Un élément de courant électrique circulant sur un élément de surface ds' appartenant à S s'écrit : $J_s(r')ds'$ et le champ diffracté créé par ce courant en un point r est, par définition, la fonction de Green $\overline{\overline{G}}_E(r,r')$. Le champ diffracté créé par une distribution quelconque de courant résulte de la somme des contributions dues à tous les éléments de courant constituant la source répartie sur S, et on peut l'écrire sous forme intégrale [43] :

$$E^d(r) = \iint_S \overline{\overline{G}}_E(r,r') \cdot J_s(r')ds' \tag{2.32}$$

En appliquant la condition au bord pour le champ électrique tangentiel sur le conducteur, on obtient l'équation suivante :

$$\hat{n} \times \left[E^e(r) + E^d(r) \right] = 0 \; , r \in r' \tag{2.33}$$

En introduisant l'équation dans l'équation, on obtient l'équation intégrale pour le champ électrique :

$$-\hat{n} \times E^e(r) = \hat{n} \times \iint_S \overline{\overline{G}}_E(r,r') \cdot J_s(r')ds' \tag{2.34}$$

Dans cette équation, la fonction vectorielle inconnue est la densité surfacique de courant électrique J_s. La fonction de Green $\overline{\overline{G}}_E$ est difficile à calculer car elle présente une singularité en $1/r^3$.

II.7.2   Equation intégrale au champ Magnétique (MFIE) :

Soit un conducteur surfacique S. A l'intérieur du conducteur, le champ magnétique total est nul. Ce champ se décompose en un champ incident H^i et un champ diffracté H^d d'où l'équation :

$$H^d + H^i = 0 \tag{2.35}$$

Il convient de préciser que l'utilisation des conditions aux limites pour le champ magnétique, au lieu du champ électrique comme dans le cas précédent, résulte d'une équation intégrale connue sous MFIE (Magnetic Field Integral Equation), qui nécessite la connaissance des fonctions de Green du champ magnétique.

$$-\hat{n} \times H^e(r) = \hat{n} \times \iint_S \overline{\overline{G}}_H(r,r') \cdot \nabla(J_s(r'))ds' \tag{2.36}$$

Cette équation est exploitée dans le cas des structures planaires

II.8 CONCLUSION

La formulation d'un problème est une étape incontournable qui précède l'application de la méthode numérique de résolution. Elle demande une bonne connaissance de l'électromagnétisme, et dans une certaine mesure une connaissance approfondie sur la manipulation et les propriétés des opérateurs. En effet, les équations mathématiques peuvent être directement résolues ou être manipulées afin d'éliminer certaines grandeurs inconnues.

Dans ce chapitre nous avons présenté les équations de Maxwell, la convention temporelle adoptée, les potentiels vecteur et scalaire, les conditions aux limites ainsi qu'une brève introduction de la notion des fonctions de Green et leurs intérêts à la résolution du problème des équations intégrales en électromagnétisme.

CHAPITRE 3

LES METHODES D'ANALYSE EN ELECTROMAGNETISME

III.1 INTRODUCTION

Le domaine des télécommunications évolue rapidement. Cette évolution a suscité une demande énorme de la conception et des techniques d'analyse électromagnétique. La modélisation précise des dispositifs pratiques de plus en plus complexes est très demandée, en particulier l'étude des circuits planaires de plus en plus utilisés dans les fonctions micro-ondes.

Les discontinuités dans les structures micro-rubans ne peuvent pas être analysées correctement par des modèles simplifiés puisque ceux-ci ne peuvent pas décrire correctement tous les phénomènes électromagnétiques qui ont lieu dans celles-ci tels que le rayonnement, les ondes de surface et le couplage EM. Une méthode rigoureuse basée sur la résolution numérique des équations de Maxwell en tenant compte des propriétés physiques des différents milieux et des conditions vérifiées par le champ EM sur les différentes frontières s'avère donc nécessaire. Différentes méthodes numériques développées dans la littérature peuvent répondre à ces exigences [24, 44].

Parmi les méthodes rigoureuses généralement appliquées à ce genre de problèmes on distingue celles des différences finies, des éléments finis appliqués dans les domaines spectraux ou temporels et la méthode des moments qui constitue l'objet principale de notre étude.

III.2 INTEGRATION DE L'ANALYSE ELECTROMAGNETIQUE DANS LES PHASES DE CONCEPTIONS

L'augmentation des besoins en termes de débits d'informations implique un fonctionnement des circuits hyperfréquences à des fréquences élevées. Cette tendance va de paire avec une réduction des dispositifs micro-ondes et le packaging est devenu un point critique dans la conception des dispositifs de télécommunication modernes [25], [45-47].

En effet les dimensions des systèmes sont maintenant du même ordre de grandeur que la longueur d'onde des fréquences d'utilisation, par conséquent des modes de résonances électromagnétiques sont susceptibles d'être excités dans les modules et d'engendrer des dysfonctionnements du système complet. Ainsi pour s'assurer qu'il n'existe pas de modes parasites dans la bande de fréquences d'utilisation, mais également pour optimiser les transferts de puissance au niveau de l'interconnexion entre deux circuits, il est nécessaire de réaliser une étude électromagnétique complète des dispositifs.

L'utilisation de logiciels d'électromagnétisme basés sur la résolution des équations de Maxwell peut permettre de faciliter la conception et également de limiter le temps nécessaire pour développer un système hyperfréquence. Les méthodes numériques d'analyse électromagnétique sont maintenant un outil incontournable pour obtenir une caractérisation précise et rigoureuse des phénomènes électromagnétiques engendrés au sein des modules. Ces logiciels ont beaucoup évolué au cours des dernières années et il faut également noter que sans l'amélioration considérable des moyens informatiques durant la dernière décennie, l'usage de ces méthodes numériques très gourmandes en temps de calculs et en espace mémoire, serait inconcevable.

Plusieurs méthodes d'analyse numérique permettant d'étudier les structures micro-ondes passives ont été développées [92]. Chaque méthode présente des avantages et des inconvénients. Parmi les méthodes les plus répandues, on trouve la méthode FDTD (Finite Différence Time Domaine), la méthode des moments et la méthode des éléments finis.

Ces méthodes peuvent être classées en deux types :

- Les méthodes approchées
- Les méthodes rigoureuses ou exactes

III.3 LES METHODES APPROCHEES

Ces méthodes prennent en compte au départ la nature des phénomènes physiques, ce qui permet d'effectuer des approximations donnant naissance à des modélisations. Elles présentent l'avantage d'adaptabilité à des structures très variées.

Cependant, la précision des modèles formulés requiert en général des maillages d'autant plus fine que la structure est complexe. Chacune de ces méthodes n'est justifiée qu'a posteriori par ses conséquences pratiques.

Mais, bien que ces méthodes permettent un calcul numérique rapide et une interprétation physique possible, elles ont l'inconvénient d'être approximatives.

Parmi ces méthodes d'analyse, nous pouvons citer :

III.3.1 La méthode de la ligne de transmission (TLM) :

La méthode des lignes de transmission ou en anglais TLM (*Transmission Line Matrix*) consiste à modéliser la structure à étudier par une ligne de transmission à paramètres variables. Cette ligne est décomposée en tronçons de longueurs élémentaires, chaque tronçon est considéré comme un quadripôle représenté par sa matrice de chaîne. Le quadripôle équivalent à la ligne résulte de la mise en cascade de ces cellules élémentaires [48,49].

Huygens, dans son traité de la lumière a défini le front d'onde comme la somme d'une infinité de sources de rayonnements secondaires qui produisent, en trois dimensions, des ondelettes sphériques. Leur enveloppe constitue le front d'ondes. La méthode TLM discrétise les équations des télégraphistes appliquées de façon locale. Grâce à la TLM, on appelle sources de rayonnement, les nœuds du domaine de calcul maillés [49].

On réalise la mise en équation du problème en considérant le réseau maillé comme une série d'intersections orthogonales de lignes de transmissions. Une cellule est reliée avec ses voisines par une matrice S. Son calcul est itéré dans le temps par incrémentation, ce qui permet de suivre la propagation d'un signal dans le réseau [47].

De plus, des améliorations sont depuis régulièrement apportées, telle que le maillage à pas variable, l'extension aux milieux anisotropes. On utilise cette méthode pour simuler des phénomènes de propagation d'onde dans le domaine temporel.

Enfin, la méthode TLM ne présente pas de problème de convergence ni de stabilité. Elle est, cependant, exigeante en place mémoire et en temps de calcul pour deux raisons principales :

- L'étude de zones où les champs électromagnétiques présentent de fortes discontinuités nécessite un maillage plus fin, ce qui entraîne l'utilisation d'espace mémoire relativement important [49].

- Afin de limiter le phénomène dû à une réponse temporelle tronquée, il faut recueillir un grand nombre d'impulsions sur une longue durée. Ceci nécessite un nombre d'itérations important entraînant une augmentation du temps de calcul.

III.3.2   Le modèle de la cavité :

Ce modèle consiste principalement à considérer la structure étudiée comme une cavité entourée de murs de haute impédance [4,50].

Dans ce modèle, la région intérieure du substrat diélectrique est modélisée comme cavité bornée par des murs électriques sur son sommet et sa base.

Puisque le substrat est mince, les champs dans la région intérieure ne varient pas beaucoup dans la direction normale au patch.

Le champ électrique est dans la direction z seulement, le champ magnétique a seulement les composants transversal Hx et Hy dans la région bornée par le patch métallique et le plan de masse.

Lorsque le patch reçoit une puissance, une distribution de charge est vue sur la surface supérieure et inférieure du patch et sur la surface supérieure du plan de masse. Cette distribution de charge est commandée par deux mécanismes, un mécanisme répulsif et un mécanisme attrayant [51].

Le mécanisme attrayant est entre les charges opposées sur le coté inférieur du patch et le coté supérieur du plan de masse, qui aide à maintenir la concentration des charges intacte sur la face inférieur du patch.

Le mécanisme répulsif est entre les charges de même nature dans la surface inférieure du patch, qui cause la poussée de quelques charges du fond au dessus du patch. En raison de ce mouvement de charge, les courants circulent dans la face supérieure du patch.

III.4 LES METHODES RIGOUREUSES :

La résolution de la plupart des problèmes physiques consiste à trouver un champ (scalaire, vectoriel ou tensoriel) satisfaisant à des équations aux dérivées partielles qui régissent le problème, tout en respectant les conditions aux limites définies à la frontière du domaine de définition du problème.

Les méthodes dites rigoureuses reposent sur la discrétisation des systèmes d'équations. Elles sont qualifiées de rigoureuses car elles résolvent les équations sans introduire d'approximation en dehors de la troncature à un nombre fini de degré de liberté et des arrondis intrinsèques aux méthodes numériques [20].

Les méthodes rigoureuses les plus couramment utilisées peuvent être rangées par commodités en deux classes : les méthodes différentielles et les méthodes intégrales.

III.4.1   Les méthodes différentielles

Elles sont basées sur la résolution des équations de Helmholtz, qui, en les discrétisant, aboutissent à des équations linéaires dont leurs interprétations sont faciles, mais le grand nombre d'équations à traiter, a pour conséquences l'encombrement en mémoire et un temps de calcul très long.

Parmi ces méthodes, on peut citer :

- La méthode des éléments finis
- La méthode des différences finies

III.4.1.1   La méthode des éléments finis

La méthode des éléments finis (FEM) appartient à la classe des procédures numériques qui peut transformer une relation fonctionnelle en un système d'équations linéaires [15]. La méthode des éléments finis consiste à rechercher une solution approchée de la solution exacte sous la forme d'un champ défini par morceaux sur des sous-domaines. Le domaine de calcul est donc divisé en un nombre fini de sous-domaines lors d'une étape de maillage. Ensuite, on définit un ensemble de champs locaux généralement sous forme de polynômes qui forment l'espace d'interpolation. Dans chaque sous-domaine, le champ est déterminé par un nombre fini de valeurs du champ en des points choisis arbitrairement dans le sous-domaine et appelés points nodaux. Cette étape de discrétisation permet d'aboutir à la résolution d'un système d'équations aux valeurs propres. La puissance de la méthode des éléments finis est en partie due au fait qu'elle aboutit à l'inversion d'une matrice creuse.

III.4.1.2   La méthode des différences finies

Cette méthode se base sur une discrétisation en temps et en espace du système d'équations. Elle se base sur deux maillages cubiques spatiaux entrelacés, l'un pour le champ électrique et l'autre pour le champ magnétique [52]. Les valeurs des champs discrétisés sont imposées aux nœuds.

Cette méthode est couramment utilisée en compatibilité électromagnétique et en dosimétrie. Cependant, pour des volumes importants, les temps de calculs deviennent prohibitifs. Pour répondre aux besoins de la dosimétrie, des méthodes hybrides ont été mises au point.

III.4.2   Les méthodes intégrales

Elles consistent à ramener le problème du calcul des champs électromagnétiques au calcul préliminaire des courants équivalents induits sur les interfaces. Les champs électromagnétiques sont ensuite déduits de ces courants équivalents. Les méthodes intégrales sont regroupées sous le nom de méthodes des éléments de frontière ou encore sous l'acronyme anglo-saxon BEM (*Boundary Element Method)* [53]. Elles diffèrent fondamentalement des méthodes différentielles puisqu'elles ne requièrent que le maillage des supports des courants induits. Cependant, elles reposent sur les mêmes notions : maillage et interpolation par des fonctions à support borné. L'avantage majeur de la méthode des éléments de frontière est le gain d'une dimension de l'espace pour la discrétisation. Les méthodes intégrales sont donc plus précises que les méthodes différentielles et mieux adaptées aux problèmes de propagation en milieu infini. Cependant, les méthodes intégrales aboutissent à des systèmes linéaires complexes et pleins dont la résolution est nettement plus lourde que la résolution des systèmes creux auxquels aboutissent les méthodes différentielles. Parmi ces méthodes on peut citer :

III.4.2.1   La méthode spectrale généralisée :

Cette méthode permet une analyse rigoureuse des structures planaires. Les fonctions de Green déterminent une relation entre une valeur source (élément de courant de surface) et le champ électrique crée par celui-ci.

III.4.2.2   La méthode de résonance transverse :

Elle consiste à modéliser la discontinuité par un circuit équivalent qui est terminé à travers ses accès par des courts-circuits, et de chercher par la suite la condition de résonance de toute la structure [54].

III.4.2.3   La méthode des moments :

La méthode des moments est une procédure numérique qui transforme une fonctionnelle (équation différentielle, intégrale ou intégro-différentielle) en un système d'équations linéaire [15]. La MoM a été introduite par Harrington en 1960 pour la résolution de problèmes liés aux antennes et à la diffusion électromagnétique d'objets. Elle permet ainsi de déterminer la distribution de courant permettant au champ résultant de satisfaire les conditions aux limites, et ce, en décomposant le courant dans une base de fonctions permettant de transformer des équations intégrales en un système linéaire [55].

La méthode des moments est une des méthodes des éléments de frontière la plus utilisée. Il existe sur le marché de nombreux codes et logiciels de commerce basés sur la méthode des moments dont on site IE3D [56] ou NEC [57] et ADS Momentum ou Sonnet.

III.5 Conclusion

Plusieurs méthodes d'analyse numérique permettant d'étudier les structures micro-ondes passives ont été développées, dans le but de pouvoir exprimer les différentes grandeurs physiques sans avoir recours à la résolution analytique des équations de Maxwell. Chaque méthode présente des avantages et des inconvénients, mais la simplicité et la robustesse de la méthode des moments l'on rendue la plus populaire en électromagnétisme. En effet, plusieurs logiciels commerciaux basés sur cette méthode, tel que Momentum ou Sonnet sont utilisés pour la simulation électromagnétique des structures planaires.

Dans notre étude, nous reformulons la méthode des moments en se basant sur le choix des fonctions de base et test de type RWG. Notre choix s'est porté sur cette méthode en raison de sa rigueur et son adaptabilité à des structures de formes géométriques complexes [58, 59].

CHAPITRE 4

EVALUATION DES FONCTIONS DE GREEN DANS LE DOMAINE
SPATIAL

IV.1 INTRODUCTION

Les fonctions de Green jouent un rôle clé pour la résolution du problème des équations intégrales en électromagnétisme. Ces fonctions sont introduites dans les intégrales à évaluer pour le calcul des éléments de la matrice des moments. Pour l'étude des structures planaires, les fonctions de Green réduisent la taille du problème en faisant intervenir les différents paramètres de la structure planaire à étudier (constante diélectrique, épaisseur de la couche...) ceci en satisfaisant les conditions aux limites à l'interface des couches. Par conséquent l'évaluation des fonctions de Green est une étape d'importance majeure pour la résolution du problème [42, 77, 78].

Les expressions des fonctions de Green seront d'abord déterminées dans le domaine spectral et seront exprimées en fonction des coefficients de transmission généralisés [59-61]. Pour cela, des structures simple couche et multicouches sont considérées, en prenant comme source un doublet électrique vertical ou un doublet électrique horizontal. Cette source sera prise soit au-dessus de la structure, soit immergée dans cette dernière.

Les fonctions de Green dans le domaine spectral seront exprimées par une somme de fonctions exponentielles à l'aide de la méthode GPOF

(Generalised Pencil Of Functions) [78, 79]. Leurs expressions seront déterminées dans le domaine spatial en utilisant l'identité de Sommerfeld, pour éviter ainsi le calcul numérique de l'intégrale exprimant la transformée de Hankel inverse.

IV.2 FONCTIONS DE GREEN SPECTRALES

On considère le milieu stratifié représenté par la figure suivante.

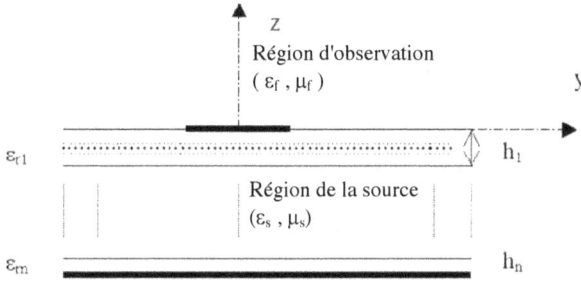

Fig. IV.1 : Coupe d'une structure micro-ruban stratifiée

où : (μ_f, ε_f) : perméabilité et permittivité au niveau du point d'observation.

(μ_s, ε_s) : perméabilité et permittivité au niveau de la source.

Le champ électrique diffracté E^d pour le cas des structures que nous allons étudier peut être écrit sous la forme suivante :

$$E^d = -j\omega A - \nabla\phi \qquad (4.1)$$

Comme nous l'avons déjà vu, le potentiel vecteur magnétique A et le potentiel scalaire électrique ϕ apparaissent dans l'équation (Eq) peuvent s'écrire en termes de fonctions de Green, exprimant la réponse à une source élémentaire, de la manière suivante :

$$A(r) = \mu \iint_S G_A(r,r') \cdot J(r') ds' \qquad (4.2)$$

$$\phi(r) = \frac{-1}{j\omega\varepsilon} \iint_S G_q(r,r').(\nabla'J_s(r')) ds' \qquad (4.3)$$

Ce qui permet d'écrire le champ diffracté en termes de potentiels mixtes :

$$E^d = -j\omega\mu \iint_S \overline{\overline{G}}_A(r,r') \cdot J_s(r')ds' + \frac{1}{j\omega\varepsilon} \nabla \iint_S G_q(r,r')[\nabla' J_s(r')]ds' \qquad (4.4)$$

Ce sont ces fonctions de Green que l'on doit déterminer.

IV.2.1 Potentiel vecteur

Le potentiel vecteur est relié à la fonction de Green dyadique $\overline{\overline{G}}_A$ et à la distribution de courant surfacique J par la relation suivante :

$$A(r) = \mu_f \iint_S \overline{\overline{G}}_A(r,r') \cdot J_s(r')ds' \qquad (4.5)$$

Les expressions des fonctions de Green pour le potentiel vecteur dans le domaine spectral sont alors [17] :

- **Cas d'un doublet électrique vertical (DEV)**

$$\tilde{G}_A^{zz} = \frac{1}{\mu_f} \tilde{A}_{zz} = \frac{1}{j2k_{ZS}} T_{TM}^V \qquad (4.6)$$

- **Cas d'un doublet électrique horizontal (DEH)**

$$\tilde{G}_A^{xx} = \frac{1}{\mu_f} \tilde{A}_{xx} = \frac{1}{j2k_{zs}} T_{TE}^H \qquad (4.7)$$

$$\tilde{G}_A^{zx} = \frac{1}{\mu_f} \tilde{A}_{zx} = \frac{1}{j2k_{zs}} \frac{k_x k_{zs}}{k_\rho^2} \left(\pm \frac{\varepsilon_f}{\varepsilon_s} T_{TM}^H + \frac{1}{jk_{zs}} \frac{\partial}{\partial z} T_{TE}^H \right) \qquad (4.8)$$

Où : T_{TM}^V, T_{TM}^H et T_{TE}^H sont les coefficients de transmission généralisés source-plan d'observation respectivement pour un DEV transverse magnétique, un DEH transverse magnétique et un DEH transverse électrique.

k_ρ et k_{zs} désignent le nombre d'ondes respectivement dans le plan (xoy) et dans la région source.

IV.2.2 Potentiel scalaire

La jauge de Lorentz relie les potentiels scalaire ϕ et vecteur $\vec{A}$ comme suit :

$$\phi(r) = -\frac{1}{j\omega\varepsilon_f\mu_f}\nabla A(r) \tag{4.9}$$

Il est alors possible d'exprimer les fonctions de Green pour le potentiel scalaire G_q à partir de la fonction de Green dyadique $\overline{\overline{G_A}}$, en utilisant la jauge de Lorentz (voir annexe 1) pour les potentiels électriques.

Les fonctions de Green pour le potentiel scalaire s'écrivent alors [17] :

- **Cas d'un doublet électrique vertical**

$$\tilde{G}_q^V = \frac{1}{k_{zs}^2}\frac{1}{j2k_{zs}}\frac{\partial^2 T_{TM}^V}{\partial z'\partial z} \tag{4.10}$$

- **Cas d'un doublet électrique horizontal**

$$\tilde{G}_q^H = \frac{1}{j2k_{zs}}\left[T_{TE}^H + \frac{k_{zf}^2}{k_\rho^2}\left(T_{TE}^H \pm \frac{\varepsilon_f}{\varepsilon_s}\frac{k_{zs}}{jk_{zf}^2}\frac{\partial T_{TM}^H}{\partial z}\right)\right] \tag{4.11}$$

Les détails de calcul des fonctions de Green dans le domaine spectral, ainsi que les coefficients de transmission généralisés sont présentés dans l'annexe 1.

IV.3 FONCTIONS DE GREEN SPATIALES

IV.3.1 Problématique

Après avoir déterminé les expressions des fonctions de Green dans le domaine spectral pour différents types de structures (simple couche et multicouches) et de doublets (horizontal et vertical), il s'agit maintenant de déterminer les expressions des fonctions de Green dans le domaine spatial, et ce en se basant sur la transformée de Hankel inverse donnée par [22] :

$$G = \frac{1}{4\pi} \int_{CIS} \tilde{G} \, H_0^{(2)} \left(k_\rho \, \rho \right) k_\rho \, dk_\rho \qquad (4.12)$$

Où :

- G est la fonction de Green spatiale.
- $\tilde{G}$ est la fonction de Green spectrale.
- $H_0^{(2)}$ est la fonction de Hankel de deuxième espèce.

CIS est le Contour d'Intégration de Sommerfeld défini par la figure IV.2 [75].

Le choix du chemin d'intégration de Sommerfeld est tel que la condition de rayonnement soit vérifiée [76].

L'évaluation de ces intégrales entraîne un long calcul numérique contraignant. Ainsi, les recherches [22,75,77] se sont orientées vers l'évaluation analytique de ces intégrales.

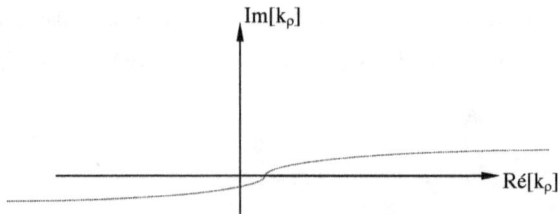

Fig. IV.2 : Définition du Contour d'Intégration de Sommerfeld

Ainsi, des études menées par Chow [78] ont montré que si les fonctions de Green spectrales sont approximées par des exponentielles, alors la transformée de Hankel inverse pourra être évaluée analytiquement en utilisant l'identité de Sommerfeld suivante :

$$\frac{1}{2j}\int_{-\infty}^{+\infty}\frac{e^{-jk_z|z|}}{k_z}\,H_0^{(2)}\left(k_\rho\rho\right)k_\rho\,dk_\rho = \frac{e^{-jkr}}{r} \tag{4.13}$$

avec :
$$\begin{cases}k^2 = k_\rho^2 + k_z^2 \\ r^2 = \rho^2 + z^2\end{cases} \tag{4.14}$$

Or, ces méthodes exponentielles nécessitent des échantillons sur une variable réelle de la fonction à approximer, à savoir les fonctions de Green spectrales [22].

Un échantillonnage au long de l'axe réel k_ρ donnera des exponentielles en k_ρ qui ne pourront pas être exploitées par l'identité de Sommerfeld, (4.13) car : $k_z^2 = k^2 - k_\rho^2$

Ainsi, et puisque l'intégration ne dépend pas du chemin suivi, du moment que les bornes d'intégration sont les mêmes, un nouveau contour C_1 est défini tel que k_{z0} peut s'exprimer en fonction d'un paramètre réel noté t et tel que [22,17] :

$$k_{z0} = k_0\,[-j\,t + (1-t/T_0)], \qquad \text{où } t \in [\,0\,,T_0\,]. \tag{4.15}$$

T_0 sera choisi de telle sorte que l'approximation soit optimale.

La figure IV.3 représente les deux contours d'intégration, l'initial C_0 et le final C_1, dans les plans complexes k_ρ et k_{z0} [77,78].

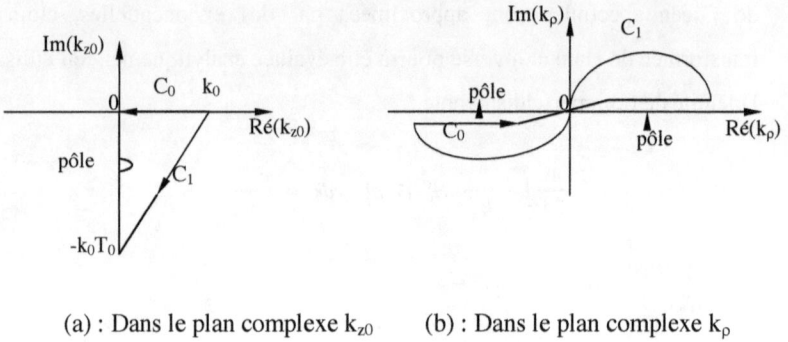

(a) : Dans le plan complexe k_{z0} (b) : Dans le plan complexe k_ρ

Fig. IV.3 : Contours d'intégration C_0 et C_1

IV.3.2 Approximation des fonctions de Green spectrales

Le fait d'approximer les fonctions de Green spectrales pour les potentiels vecteur et scalaire revient à approximer les coefficients de réflexion R_{TE} et $(R_{TE} + R_q)$, puisque les coefficients de transmission généralisés s'expriment en fonction des coefficients de réflexion généralisés R_{TE} et $(R_{TE}+ R_q)$.

Les fonctions de Green pour les potentiels vecteur et scalaire dans le domaine spectral sont décomposées en une somme d'exponentielles complexes à l'aide de la technique d'approximation GPOF pour obtenir :

$$\begin{cases} \tilde{G}_A^{\,xx} = \dfrac{1}{j\,2\,k_{z0}} \displaystyle\sum_{n=1}^{N_1} a_{1n}\, e^{-jk_{z0}(z+z'+jb_{1n})} \\[2em] \tilde{G}_q = \dfrac{1}{j\,2\,k_{z0}} \displaystyle\sum_{n=1}^{N_2} a_{2n}\, e^{-jk_{z0}(z+z'+jb_{2n})} \end{cases} \quad (4.16)$$

Où : a_{1n}, a_{2n}, b_{1n}, b_{2n} sont les coefficients complexes à déterminer pour pouvoir approximer les fonctions de Green spectrales.

N_1, N_2 : est le nombre d'exponentielles optimal à prendre pour approximer respectivement $\tilde{G}_A^{xx}$ et $\tilde{G}_q$.

Il s'agit donc d'écrire les fonctions de Green spectrales sous la forme d'une somme de fonctions exponentielles. Ces fonctions exponentielles devront obéir à certains critères :

- Décrire le plus rigoureusement possible l'allure des fonctions de Green dans le domaine spectral.

- Pouvoir augmenter la fréquence tout en continuant à décrire correctement l'allure des fonctions de Green dans le domaine spectral.

- Minimiser le nombre de fonctions exponentielles pour diminuer le temps de calcul.

IV.3.3 Allure des fonctions de Green spatiales

Après avoir approximé les fonctions de Green dans le domaine spectral par la méthode GPOF sans avoir extrait les singularités, les fonctions de Green dans le domaine spatial peuvent ainsi être déterminées analytiquement par l'utilisation de l'identité de Sommerfeld (4.13).

Les figures IV.4 et IV.5 représentent les amplitudes des fonctions de Green spatiales calculées d'une part par intégration numérique et d'autre part en approximant les fonctions de Green spectrales par la méthode GPOF pour le cas de trois fréquences différentes : 10 GHz, 30 GHz et 70 GHz.

Une comparaison de ces amplitudes à celles obtenues par intégration numérique [54] révèle que l'approximation des fonctions de Green spectrales par la méthode GPOF a été effectuée correctement. Les différences entre ces amplitudes sont moins de 1%.

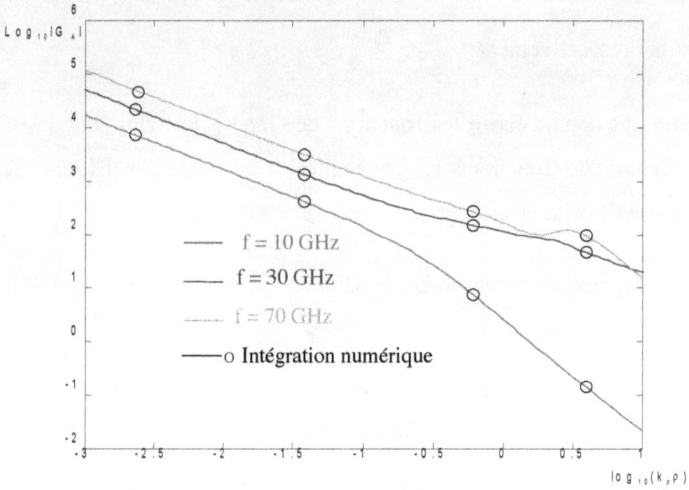

Fig. IV.4 : Amplitudes des fonctions de Green pour le potentiel vecteur dans le domaine spatial

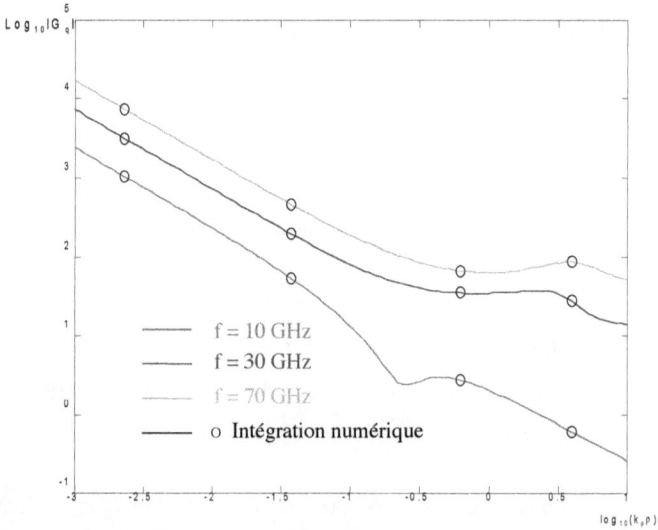

Fig. IV.5 : Amplitudes des fonctions de Green pour le potentiel scalaire dans le domaine spatial

Le nombre de fonctions exponentielles (N_1 et N_2), le nombre d'échantillons (N_{ech}) et la valeur du paramètre T_0 sont ceux qui ont été choisis dans le paragraphe précédent pour approximer correctement les fonctions de Green dans le domaine spectral.

IV.4 APPLICATION A UN DIPOLE ELECTRIQUE HORIZONTAL

Nous considérons une structure telle que représentée par la figure IV.6. Il s'agit d'un dipôle électrique horizontal, placé au-dessus d'une structure micro-ruban. Nous donnons les expressions des fonctions de Green spectrales et spatiales relatives à cette structure.

Ces résultats pourront être retrouvés pour d'autres types de sources et de structures, en annexe 1.

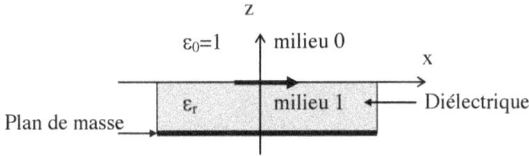

Fig. IV.6 : DEH au-dessus d'une structure micro-ruban

IV.4.1 Expressions des fonctions de Green dans le domaine spectral

Nous calculons d'abord les fonctions de Green spectrales, et ce à partir des coefficients de transmission généralisés.

- *Coefficients de transmission généralisés dans le milieu air :*

$$T_{TM}^{H,0} = e^{-jk_{z0}z} - R_{TM}^{01}e^{-jk_{z0}z} = e^{-jk_{z0}z}\left(1 - R_{TM}^{01}\right) \qquad (4.17)$$

$$T_{TE}^{H,0} = e^{-jk_{z0}z}\left(1 + R_{TM}^{01}\right) \qquad (4.18)$$

- *Coefficients de réflexion généralisés à l'interface air/diélectrique*

$$R_{TM}^{01} = \frac{r_{TM}^{01} + e^{-2jk_{z1}H}}{1 + r_{TM}^{01}e^{-2jk_{z1}H}} \qquad (4.19)$$

$$R_{TE}^{01} = \frac{r_{TE}^{01} - e^{-2jk_{Z1}H}}{1 - r_{TE}^{01} e^{-2jk_{Z1}H}} \qquad (4.20)$$

Avec : $\qquad r_{TM}^{01} = \frac{\varepsilon_r k_{Z0} - k_{Z1}}{\varepsilon_r k_{Z0} + k_{Z1}}$, $r_{TE}^{01} = \frac{k_{Z0} - k_{Z1}}{k_{Z0} + k_{Z1}}$ et $\begin{cases} k_{z0}^2 = k_0^2 - k_\varphi^2 \\ k_{z1}^2 = \varepsilon_r k_0^2 - k_\varphi^2 \end{cases}$

Nous déduisons ainsi les fonctions de Green spectrales :

- La fonction de Green spectrale pour le potentiel vecteur est donnée par :

$$\widetilde{G}_A^{xx}(k_\varphi) = \frac{1}{2jk_{z0}} T_{TE}^{H,0} = \frac{e^{-jk_{z0}z}}{2jk_{z0}}\left(1 + R_{TM}^{01}\right) \qquad (4.21)$$

- La fonction de Green spectrale pour le potentiel scalaire est donnée par :

$$\widetilde{G}_q^H(k_\varphi) = \frac{e^{-jk_{z0}z}}{2jk_{z0}}\left(1 + R_{TE}^{01} + \frac{k_{z0}^2}{k_\varphi^2}\left(R_{TE}^{01} + R_{TM}^{01}\right)\right) = \frac{e^{-jk_{z0}z}}{2jk_{z0}}\left(1 + R_{TE}^{01} + R_q^{01}\right) \qquad (4.22)$$

avec, $R_q^{01} = \frac{k_{z0}^2}{k_\varphi^2}\left(R_{TE}^{01} + R_{TM}^{01}\right)$

Nous posons : $\qquad R_{TEQ}^{01} = R_{TE}^{01} + R_Q^{01} + K$ avec $K = \frac{\varepsilon_r - 1}{\varepsilon_r + 1}$ $\qquad (4.23)$

Alors, $\qquad \widetilde{G}_q^H(k_\varphi) = \frac{e^{-jk_{z0}z}}{2jk_{z0}}\left(R_{TEQ}^{01} - k + 1\right)$ $\qquad (4.24)$

Nous décomposons les fonctions R_{TE}^{01} et R_{TEQ}^{01} dans une base de fonctions exponentielles à l'aide de la méthode GPOF :

$$R_{TE}^{01} = \sum_{i=1}^{M} R_{RTE}(i)e^{S_{RTE}(i)k_{z0}} \qquad (4.25)$$

$$R_{TEQ}^{01} = \sum_{i=1}^{M} R_{RTEQ}(i) e^{S_{RTEQ}(i)k_{z0}}$$

(4.26)

IV.4.2 Expressions des fonctions de Green dans le domaine spatial

Les expressions des fonctions de Green dans le domaine spatial sont déterminées par application de la transformée de Hankel inverse et en considérant l'identité de Sommerfeld :

$$G_A^{xx}(\rho) = \frac{1}{4\pi} \sum_{i=1}^{M+1} R_{RTE}(i) \frac{e^{-jk_0 r_{GA}(i)}}{r_{GA}(i)}$$

(4.26)

Avec $r_{GA}(i) = \sqrt{\rho^2 - S_{RTE}^2(i)}$ et $\begin{cases} R_{RTE}(M+1) = 1 \\ S_{RTE}(M+1) = 0 \end{cases}$ et $\rho = \left| r_{mc\pm} - r_{nc\pm} \right|$

$$G_q(\rho) = \frac{1}{4\pi} \sum_{i=1}^{M+1} R_{RTEQ}(i) \frac{e^{-jk_0 r_{Gq}(i)}}{r_{Gq}(i)}$$

(4.27)

Avec $r_{G_q}(i) = \sqrt{\rho^2 - S_{RTEQ}^2(i)}$ et $\begin{cases} R_{RTEQ}(M+1) = 1-k \\ S_{RTEQ}(M+1) = 0 \end{cases}$ et $\rho = \left| r_{mc\pm} - r_{nc\pm} \right|$

Les termes d'ordre 'M+1' dans les fonctions de Green représentent les parties statiques.

IV.5 CONCLUSION

Nous avons évalué les fonctions de Green dans le domaine spatial. Ceci a nécessité, en premier lieu, la détermination des fonctions de Green dans le domaine spectral, puis leur approximation par une somme de fonctions exponentielles à l'aide de la méthode GPOF. Cette approximation est réalisée dans le but de pouvoir utiliser l'identité de Sommerfeld pour déterminer les expressions des fonctions de Green dans le domaine spatial [90].

Nous avons opté pour la méthode GPOF car elle permet d'atteindre des fréquences élevées en utilisant un nombre minimum de fonctions exponentielles, sans nécessiter d'extraire les singularités relatives aux ondes de surface [25].

CHAPITRE 5

LA METHODE DES MOMENTS :
NOUVELLE TECHNIQUE DE CALCUL DE LA MATRICE DES MOMENTS

V.1 INTRODUCTION

L'application de la Méthode des Moments avec la formulation basée sur le choix des fonctions de base de type Roof Top ne donne pas des résultats satisfaisants surtout lorsqu'il s'agit de modéliser des structures complexes ayant des discontinuités [87]. En effet le calcul des intégrales contenues dans la matrice des moments est très complexe. Il est la cause principale de la lourdeur de la MoM. Dans ce travail nous proposons une nouvelle technique de calcul des éléments de la matrice des moments avec formulation de la MoM en se basant sur le choix des fonctions de base RWG. Ces fonctions sont définies sur une paire de cellules triangulaires. En effet le maillage triangulaire permet de bien modéliser les structures les plus complexes et les fonctions du type RWG sont mieux adaptées à ce type de maillage pour la présentation du courant de surface circulant sur ces structures planaires.

Dans ce chapitre, nous présentons la méthode des moments et son application pour le calcul de la distribution de courant électrique sur un conducteur. Puis nous développons la nouvelle technique d'évaluation des intégrales contenues dans la matrice des moments. Cette technique est basée sur un choix judicieux des fonctions de base RWG définies sur les cellules triangulaires et une hybridation des deux procédures « averaging approximation » et « centroid integration » ainsi que l'utilisation de la forme « closed form » des fonctions de Green [110].

V.2 PRINCIPE DE LA METHODE DES MOMENTS

L'idée de base de la méthode des moments est de réduire une équation fonctionnelle en une équation matricielle dont la résolution se fait par des techniques connues [55].

L'équation à résoudre est de la forme :

$$L(f) = g \qquad (5.1)$$

Avec L, f et g désignent respectivement un opérateur intégral et/ou différentiel, l'inconnu du problème et la source (ou encore l'excitation).

La fonction recherchée f est décomposée en une série de fonctions (fn), linéairement indépendantes, appelées fonctions de base et définies dans le domaine de l'opérateur L comme suit :

$$f = \sum_n \alpha_n . f_n \qquad (5.2)$$

Où les α_n sont des constantes.

Pour obtenir une solution exacte de l'équation (5.1), on a besoin d'une suite infinie de fonctions fn, dans ce cas les fn forment une base de l'espace de Hilbert. Cependant, dans la pratique, on définit une suite finie de fonctions, et la solution obtenue est dans ce cas une approximation de la solution exacte.

En substituant (5.2) dans (5.1), et en utilisant la linéarité de l'opérateur L, on obtient :

$$\sum_{n=1}^{N} \alpha_n . L(f_n) = g \qquad (5.3)$$

On définit une suite de fonctions de test (wn)n∈<1,N>, dans le domaine de L. En effectuant le produit scalaire de wm avec l'équation (5.3). On obtient pour tout m∈<1,N> :

$$\sum_{n=1}^{N} \alpha_n \langle w_m \mid L(f_n) \rangle = \langle w_m \mid g \rangle \qquad (5.4)$$

Le produit scalaire étant défini comme l'intégrale du produit wn.L(fn) sur un domaine déterminé par les supports des fonctions de base (fn) et test (wn).

Les équations du système (5.4) peuvent être écrites sous forme matricielle :

$$[L_{mn}][\alpha_n] = [g_m] \text{, avec m et n} \in <1,N> \qquad (5.5)$$

Si la matrice L n'est pas singulière alors elle admet une inverse L^{-1}. Ainsi les αn sont donnés par :

$$[\alpha_n] = [L_{mn}]^{-1}[g_m] \qquad (5.6)$$

et la solution de f est donnée par :

$$f = [f_n]^T[\alpha_n] = [f_n]^T[L_{mn}]^{-1}[g_m] \text{ (T désigne la transposée)} \qquad (5.7)$$

Il s'agit d'une solution approchée. La précision dépend essentiellement du choix des fonctions de base et test. Si ces fonctions sont identiques, il s'agit alors de la procédure de Galerkin.

Plusieurs facteurs peuvent affecter le choix des fonctions de base et test, à savoir, l'erreur commise par la solution approchée par rapport à la solution exacte, la possibilité de l'évaluation des éléments de la matrice, la taille de matrice à inverser et la réalisation d'une matrice bien conditionnée. Le choix des fonctions base et test doit, bien entendu, assurer l'existence des différentes intégrales résultant de l'application de la méthode des moments [60].

V.3 PRINCIPALES ETAPES DE LA METHODE :

Nous citons les principales étapes, essentielles, pour l'implémentation des codes basés sur la méthode MoM [61]:

1. La discrétisation de la géométrie et la définition des fonctions de base.
2. Construction analytique des fonctions de Green.
3. Remplissage de la matrice des moments.
   - Calcul des fonctions de Green.
   - Calcul des éléments de la matrice impédance Z.
4. Définition du vecteur d'excitation V.
5. Résolution du système matricielle Z I = V.
6. Récupération des paramètres de la structure.

V.4 NOUVELLE TECHNIQUE DE CALCUL DE LA MATRICE DES MOMENTS

V.4.1 Procédure de maillage et critère de choix des fonctions de base

Le système d'équations linéaires à résoudre peut s'écrire, pour tout type de maillage, sous la forme matricielle suivante [62] :

$$\begin{bmatrix} Z & T^e \\ T^h & Y \end{bmatrix} \begin{bmatrix} I \\ V \end{bmatrix} = \begin{bmatrix} I^{ex} \\ V^{ex} \end{bmatrix} \qquad (5.8)$$

Z et I étant les matrices des gravures et des ouvertures discrétisées. T^e et T^h matrice de couplage mutuel.

Le choix de la procédure de résolution est, en général, dicté par la taille des matrices à traiter (problème étudié) et la nature du calculateur dont on dispose. Les fonctions de bases permettent de décrire la distribution du courant sur les conducteurs. Le choix des fonctions de base et de test dépend du problème électromagnétique considéré (calcul des éléments de la matrice généralisée), et de la précision souhaitée. Tout d'abord, elles doivent être dérivables et intégrables en fonction de l'opérateur de l'équation formelle. Donc choisir une fonction de base revient à définir un modèle de distribution du courant. Ce modèle peut dans certains cas donner une distribution discontinue du courant ou des charges. On obtient dans ce cas une distribution non physique qui vérifie les conditions aux limites du champ tangentiel. Dans la plupart des cas, cette distribution du courant permet un calcul exact du champ rayonné. Le choix des fonctions de base et test est donc très important pour l'efficacité et la précision de la méthode des moments.

La méthode des moments, utilisée dans notre travail pour la caractérisation des structures planaires, est basée sur le choix des fonctions de base et test RWG. Dans ce paragraphe nous présentons ces fonctions de base et test. Le choix de ces fonctions est lié à la façon de discrétiser la structure à étudier. En fait selon le maillage de la structure (discrétisation de la structure) que nous avons choisi ces fonctions. Notre choix s'est porté sur les fonctions de base de type RWG. Ce choix est lié aux propriétés adaptées pour leur rôle. Dans ce paragraphe nous discutons la construction de ces fonctions. Elles sont définies sur une paire de cellules triangulaires. Ces fonctions sont associées à une arête intérieure commune [63].

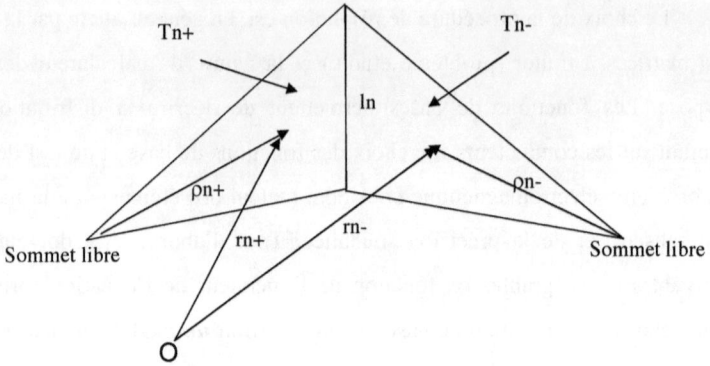

Fig. V.1 : Paire de cellules Triangulaires adjacentes et leurs paramètres associés [63]

Les fonctions de base de type RWG développées par Glisson [63] associés à la $n^{ième}$ arête sont définies par :

$$f_n(r) = \begin{cases} \dfrac{l_n}{2.A_{n+}} \rho_{n+}(r) & r \in T_{n+} \\[2mm] \dfrac{l_n}{2.A_{n-}} \rho_{n-}(r) & r \in T_{n-} \\[2mm] 0 & ailleurs \end{cases} \tag{5.9}$$

Où l_n : longueur de l'arête n

A_{n+} : Surface du triangle T_{n+}

A_{n-} : Surface du triangle T_{n-}

$\rho_{n+}(r)$: Vecteur définie par le sommet libre de T_{n+}

$\rho_{n-}(r)$: Vecteur définie par le sommet libre de T_{n-}

Chaque point des triangles T_{n+}/T_{n-} est désigné par :

- Le vecteur r_{n+}/r_{n-} (définie par l'origine O)
- Le vecteur ρ_{n+}/ρ_{n-} (définie par le sommet libre)
- r_{n+} et r_{n-} sont respectivement les coordonnées sommets libres de T_{n+} et T_{n-}

Ces fonctions de bases sont utilisées pour approximer le courant de surface. Elles possèdent les propriétés suivantes [63,64] :

Le courant n'a pas de composante normale sur les frontières des triangles ($T_{n+} \cup T_{n-}$) d'où pas de charge linéique tout au long des frontières.

La composante normale de la fonction de base sur l'arête commune (arête intérieure) est constante et continue.

$$f_n(r)\vec{n} = \begin{cases} \dfrac{l_n}{2A_{n+}}\rho_{n+}(r)\vec{n} = \dfrac{l_n}{2A_{n+}}\cdot\dfrac{2A_{n+}}{l_n} = 1 \\[3mm] \dfrac{l_n}{2A_{n-}}\rho_{n-}(r)\vec{n} = \dfrac{l_n}{2A_{n-}}\cdot\dfrac{2A_{n-}}{l_n} = 1 \end{cases} \tag{5.10}$$

La composante normale de la densité de courant surfacique relative à la $n^{\text{ème}}$ arête commune (arête intérieur) est constante et continue.

$$J_n = I_n.f_n(r). = \begin{cases} I_n\dfrac{l_n}{2A_{n+}}\rho_{n+}(r) \\[3mm] I_n\dfrac{l_n}{2A_{n-}}\rho_{n-}(r) \end{cases} \tag{5.11}$$

$$J_n\vec{n} = I_n.f_n(r)\vec{n} = \begin{cases} I_n.\dfrac{l_n}{2A_{n+}}\rho_{n+}(r)\vec{n} = I_n\dfrac{l_n}{2A_{n+}}\cdot\dfrac{2A_{n+}}{l_n} = I_n \\[3mm] I_n.\dfrac{l_n}{2A_{n-}}\rho_{n-}(r)\vec{n} = I_n\dfrac{l_n}{2A_{n-}}\cdot\dfrac{2A_{n-}}{l_n} = I_n \end{cases} \tag{5.12}$$

Le coefficient In représente la densité de courant surfacique normale à l'arête.

Le courant surfacique est approximé par : $J = \sum_n I_n f_n$ (5.13)

La fonction de base liée à l'arête commune correspond approximativement à un dipôle électrique élémentaire de longueur $d = \left| r_n^{c-} - r_n^{c+} \right|$ comme représenté ci dessous.

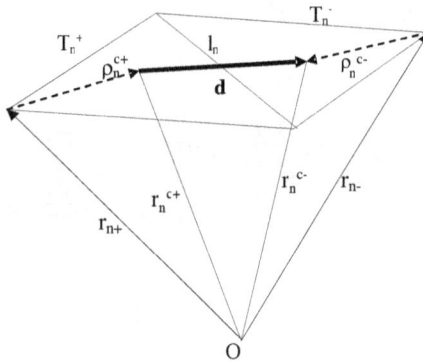

Fig. V.2 : Dipôle électrique liée à une fonction RWG

L'indice $c^{\pm}$ dénote le centre du triangle $T_{n\pm}$. La discrétisation de la structure planaire en un nombre finis de fonctions de base RWG correspond à une division de la structure en un nombre de dipôles électrique élémentaires.

Dans ce sens, la matrice impédance Z décrit l'interaction entre les différents dipôles électriques élémentaires qui décrivent complètement la structure planaire.

Si les arêtes m et n correspondantes aux fonctions de base RWG sont traitées comme des dipôles électriques élémentaires, l'élément Z_{mn} de la matrice impédance décrit l'effet du dipôle n (par le champ rayonné) sur le courant électrique du dipôle m et vice versa.

V.4.2 Résolution de l'équation intégrale aux potentiels mixte MPIE par la MoM

La résolution des équations intégrales en électromagnétisme tels que l'équation intégrale aux potentiels mixte (MPIE) requiert l'usage des méthodes numériques qui transforment l'équation originale en un système matriciel d'équations linéaires. Parmi celles-ci les différentes méthodes numériques citées dans le première partie (la FEM, la FDTD, la TLM…) ainsi que la MoM. Cette dernière fut introduite par Harrington en 1968 et peut être interprétée comme une méthode de minimisation d'erreurs [15].

L'inconnue fondamentale dans ce type de problème est la densité surfacique du courant électrique circulant à la surface du conducteur.

Pour établir l'équation intégrale, on considère un conducteur électrique parfait (PEC) soumis à un champ d'excitation E^e produit par des sources externes ; ce conducteur est placé sur la face supérieure d'un diélectrique. Des densités de charges q_s et de courant J sont induites sur les surfaces des conducteurs et produisent à leur tour un champ diffracté E^d. Le champ électrique total E^{tot} en n'importe quel point de l'espace est la somme du champ d'excitation et du champ diffracté.

$$E^{tot} = E^d + E^e \qquad (5.14)$$

En tenant compte du fait que le champ électrique tangentiel sur le métal est nul, alors E^{tot} est nul sur le métal.

$$(E^{tot})_{\tan} = 0 \qquad (5.15)$$

D'où
$$E^e = -E^d \qquad (5.16)$$

On rappelle qu'une expression générale adéquate pour le champ électrique diffracté s'écrit [65] :

$$E^d = -j\omega A - \nabla \phi \qquad (5.17)$$

Par conséquent, on obtient :

$$E^e = j\omega A + \nabla \phi \qquad (5.18)$$

Les formes générales des potentiels vecteur et scalaire peuvent s'écrire comme la superposition des solutions élémentaires dues à chacun des éléments de courant, respectivement de charges :

$$A(r) = \mu \iint_S G_A(r,r') \cdot J(r')ds' \qquad (5.19)$$

$$\phi(r) = \frac{-1}{\varepsilon} \iint_S G_q(r,r').q_s(r')ds' \qquad (5.20)$$

Comme les densités de charge ρ_s et de courant J sont reliées par l'équation de continuité, on a alors :

$$q_s(r') = -\frac{1}{j\omega}\nabla'J\ (r') \qquad (5.21)$$

Donc, l'équation (5.18) devient :

$$\phi(r) = \frac{-1}{j\omega\varepsilon} \iint_S G_q(r,r')[\nabla'J(r')]ds' \qquad (5.22)$$

En remplaçant dans l'équation (5.18) les potentiels vecteur et scalaire par leurs formes on obtient :

$$E^e = j\omega\mu \iint_S G_A(r,r') \cdot J(r')ds' - \frac{1}{j\omega\varepsilon_f} \iint_S G_q(r,r')[\nabla'J(r')]ds' \qquad (5.23)$$

La méthode des moments consiste à résoudre l'équation intégrale aux potentiels mixte (MPIE) en utilisant la distribution de courant surfacique $J = \sum_n I_n \cdot f_n$ ensuite à tester par les fonctions test RWG choisis égaux aux fonctions de base (procédure de Galerkin).

Nous testons par les fonctions test f_m :

$$\langle E^e, f_m \rangle = j\omega\langle A, f_m \rangle + \langle \nabla\phi, f_m \rangle \qquad (5.24)$$

Les équations (5.19) et (5.20) avec $J(r') = \sum_n I_n \cdot f_n(r')$ deviennent :

$$A = \mu \iint_S G_A(r,r') \cdot \sum_n I_n \cdot f_n(r')ds' \qquad (5.25)$$

$$A = \mu \sum_n I_n \iint_S G_A(r,r') \cdot f_n(r')ds' \qquad (5.26)$$

$$\phi = -\frac{1}{j\omega\varepsilon} \iint_S G_q(r,r')\left(\nabla'\sum_n I_n \cdot f_n(r')\right)'ds' \qquad (5.27)$$

$$\phi = -\frac{1}{j\omega\varepsilon} \sum_n I_n \iint_S G_q(r,r')(\nabla' \cdot f_n(r'))ds' \qquad (5.28)$$

D'où

$$\langle E^e, f_m \rangle = \sum_n I_n \left(j\omega\mu \left\langle \iint_S \overline{\overline{G}}_A(r,r') \cdot f_n(r')ds', f_m \right\rangle - \frac{1}{j\omega\varepsilon} \left\langle \iint_S G_q(r,r')(\nabla' \cdot f_n(r'))ds', f_m \right\rangle \right) \qquad (5.29)$$

La résolution du système d'équations (5.29) revient à résoudre le système matriciel $ZI = V$ composé de N × N équations linéaires.

Avec $\quad Z = [Z_{mn}]$: Matrice des moments de dimension N × N ;

$V = [V_m]$: Vecteur Excitation de longueur N.

$I = [I_n]$: Vecteur Courant de longueur N ; Inconnues du problème.

$$V_m = \left\langle E^e , f_m \right\rangle \tag{5.30}$$

$$Z_{mn} = j\omega\mu \left\langle \iint_S G_A(r,r') \cdot f_n(r')ds', f_m \right\rangle - \frac{1}{j\omega\varepsilon} \left\langle \iint_S G_q(r,r').\left(\nabla'f_n(r')\right)ds', f_m \right\rangle \tag{5.31}$$

$$Z_{mn} = j\omega \left\langle A_n , f_m \right\rangle + \left\langle \nabla \phi_n , f_m \right\rangle \tag{5.32}$$

V.4.3 Technique de calcul de la matrice des moments

Comme nous l'avons déjà vu, les fonctions de base et test RWG sont définies sur une paire de cellules triangulaires. Ces fonctions sont associées à une arête intérieure commune. Chaque élément Z_{mn} de la matrice impédance Z décrit l'interaction entre la m^{ème} paire de cellules triangulaires et la n^{ème} paire. En effet chaque triangle de la paire de cellules test (T_{m+} et T_{m-}) interagit avec les triangles de la paire de cellules base (T_{n+} et T_{n-}).

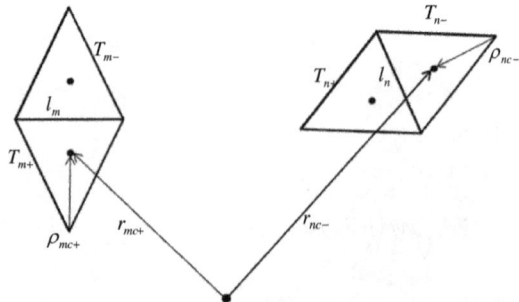

Fig. V.3 : Interaction entre paires de triangles et leurs paramètres associés

La résolution directe du système matriciel $ZI = V$ n'est pas aussi évidente. En effet le calcul des intégrales contenues dans l'équation (5.31) est très complexe. Il est la cause principale de la lourdeur de la méthode des moments. Nous allons dans ce qui suit proposer une technique d'évaluation des intégrales contenues dans les éléments de la matrice des moments.

Dans ce travail, nous proposons une nouvelle technique plus efficace et plus rapide pour l'évaluation des éléments de la matrice des moments. Notre technique est effectuée en deux étapes ;

- La première étape est basée sur la procédure appelée « Averaging Approximation » [63]
- La deuxième étape consiste à l'application de la technique d'intégration numérique sur les triangles appelée « Centroid integration over triangles » [67]

V.4.3.1 **Averaging Approximation**

L'approximation faite par Glisson pour le calcul des intégrales est basée sur le théorème de la moyenne appliqué à une intégrale [63]. Il approxime le produit scalaire du potentiel vecteur et du potentiel scalaire par leurs valeurs aux centres de gravité des triangles T_{n+} et T_{n-}. Nous appliquons cette approximation aux intégrales définies par le produit scalaire entre les fonctions test et les potentiels vecteur et scalaire. On suppose que les fonctions de Green sont lisses sur le domaine d'intégration.

Sachant que le produit scalaire est défini comme suit :

$$\langle f, g \rangle = \iint_S f(r') g(r') ds' \tag{5.33}$$

Nous avons :
$$\langle \nabla \phi_n, f_m \rangle = -\langle \phi_n, \nabla \cdot f_m \rangle \tag{5.34}$$

$$\langle \nabla \phi_n, f_m \rangle = -\iint_S \phi_n \cdot \nabla \cdot f_m ds \tag{5.35}$$

En appliquant le gradient à la fonction de base nous obtenons :

$$\nabla . f_m(r) = \begin{cases} \dfrac{l_m}{A_{m+}} & r \in T_{n+} \\[2mm] -\dfrac{l_m}{A_{m-}} & r \in T_{n-} \\[2mm] 0 & \textit{ailleur.} \end{cases} \tag{5.36}$$

Donc nous aurons

$$\langle \nabla \phi_n , f_m \rangle \;=\; - \int_{T_{m+}} \phi_n . \frac{l_m}{A_{m+}} ds \;-\; \int_{T_{m-}} \phi_n .(-\frac{l_m}{A_{m-}}) ds \tag{5.37}$$

$$\langle \nabla \phi_n , f_m \rangle \;=\; -l_m \left(\frac{1}{A_{m+}} \int_{T_{m+}} \phi_n \, ds - \frac{1}{A_{m-}} \int_{T_{m-}} \phi_n \, ds \right) \tag{5.38}$$

La moyenne de ϕ_n sur chaque triangle est approximée par la valeur du potentiel scalaire au centre de gravité de chacun [63]. Nous obtenons donc :

$$\langle \nabla \phi_n , f_m \rangle \;=\; -l_m \left(\phi_n(r_{mc+}) - \phi_n(r_{mc-}) \right) \tag{5.39}$$

$$\phi_n(r_{mc+}) = \frac{-1}{j\omega\varepsilon} \int_S G_q(r_{mc+}, r') \nabla' f_n(r') ds' \tag{5.40}$$

$$\phi_n(r_{mc-}) = \frac{-1}{j\omega\varepsilon} \int_S G_q(r_{mc-}, r') \nabla' f_n(r') ds' \tag{5.41}$$

Par la même approximation nous obtenons :

$$\langle A_n , f_m \rangle \;=\; \iint_S A_n . f_m ds \tag{5.42}$$

$$\langle A_n , f_m \rangle = \int_{T_{m+}} A_n . \frac{l_m}{2.A_{m+}} . \rho_{m+} ds \;+\; \int_{T_{m-}} A_n . \frac{l_m}{2.A_{m-}} . \rho_{m-} ds \tag{5.43}$$

$$\langle A_n, f_m \rangle = \frac{l_m}{2}\left(\frac{1}{A_{m+}} \int_{T_{m+}} A.\rho_{m+} ds + \frac{1}{A_{m-}} \int_{T_{m-}} A.\rho_{m-} ds \right) \tag{5.44}$$

$$\langle A_n, f_m \rangle = \frac{l_m}{2}\left(A(r_{mc+}).\rho_{mc+} + A(r_{mc-}).\rho_{mc-} \right) \tag{5.45}$$

Avec : $A_n(r_{mc+}) = \mu \int_S G_A(r_{mc+}, r') \cdot f_n(r') ds'$ \hfill (5.46)

$$A_n(r_{mc-}) = \mu \int_S G_A(r_{mc-}, r') \cdot f_n(r') ds' \tag{5.47}$$

L'élément de la matrice des moments devient :

$$Z_{mn} = l_m \left(\begin{array}{l} j\omega\mu\left(\dfrac{\rho_{mc+}}{2} \int_S G_A(r_{mc+}, r') \cdot f_n(r') ds' + \dfrac{\rho_{mc-}}{2} \int_S G_A(r_{mc-}, r') \cdot f_n(r') ds' \right) \\[3mm] -\dfrac{1}{j\omega\varepsilon}\left(\int_S G_q(r_{mc+}, r').[\nabla' f_n(r')] ds' - \int_S G_q(r_{mc-}, r').[\nabla' f_n(r')] ds' \right) \end{array} \right) \tag{5.48}$$

On note : $\qquad IA_{mn}^+ = \int_S G_A(r_{mc+}, r') \cdot f_n(r') ds'$ \hfill (5.49)

$$IA_{mn}^- = \int_S G_A(r_{mc-}, r') \cdot f_n(r') ds' \tag{5.50}$$

$$IQ_{mn}^+ = \int_S G_q(r_{mc+}, r')\nabla' f_n(r') ds' \tag{5.51}$$

$$IQ_{mn}^- = \int_S G_q(r_{mc-}, r')\nabla' f_n(r') ds' \tag{5.52}$$

L'élément z_{mn} de la matrice impédance z représentant l'interaction entre la m^{ème} fonction test et la n^{ème} fonction de base s'écrit donc :

$$Z_{mn} = l_m \left(j\omega\mu\left(IA_{mn}^+.\frac{\rho_{mc+}}{2} + IA_{mn}^-.\frac{\rho_{mc-}}{2} \right) - \frac{1}{j\omega\varepsilon}\left(IQ_{mn}^+ - IQ_{mn}^- \right) \right) \tag{5.53}$$

V.4.3.2 Centroid integration

Grâce à l'approximation que nous avons appliquée, les dimensions des différentes intégrales sont donc réduites à deux au lieu de quatre. Le calcul numérique de ces intégrales même de dimensions réduites à deux est d'une complexité plus ou moins importante. L'idée consiste à reprendre l'approximation faite dans la première étape sur les intégrales du type $\iint A(r) \cdot f_m(r) ds$ et $\iint \phi(r) \cdot \nabla \cdot f_m(r) ds$ et de l'appliquer à des intégrales du type $\int G_A(r_{mc\pm}, r') \cdot f_n(r') ds'$ et $\int G_q(r_{mc\pm}, r') \cdot \nabla \cdot f_n(r') ds'$. En appliquant la procédure « d'averaging approximation » à ce type d'intégrales et en supposant que les fonctions de Green sont lisse sur le domaine d'intégration, on aboutit à une intégration des fonctions de Green $G_{Aq}(r_{mc\pm}, r')$ sur les triangles T_{n+} et T_{n-} comme suit :

$$\int_S G_A(r_{mc\pm}, r') \cdot f_n(r') ds' = \frac{l_n}{2}\left(\frac{\rho_{nc+}}{A_{n+}} \int_{T_{n+}} G_A(r_{mc\pm}, r') ds' + \frac{\rho_{nc-}}{A_{n-}} \int_{T_{n-}} G_A(r_{mc\pm}, r') ds' \right) \quad (5.54)$$

$$\int_S G_q(r_{mc\pm}, r') \nabla f_n(r') ds' = l_n\left(\frac{1}{A_{n+}} \int_{T_{n+}} G_q(r_{mc\pm}, r') ds' - \frac{1}{A_{n-}} \int_{T_{n-}} G_q(r_{mc\pm}, r') ds' \right) \quad (5.55)$$

L'équation (5.48) devient :

$$Z_{mn} = l_m l_n \cdot \left\{ \begin{array}{l} j\omega\mu\left(\begin{array}{l} \frac{\rho_{mc+}\cdot\rho_{nc+}}{4A_{n+}} \int_{T_{n+}} G_A(r_{mc+}, r') ds' + \frac{\rho_{mc+}\cdot\rho_{nc-}}{4A_{n-}} \int_{T_{n-}} G_A(r_{mc+}, r') ds' \\[2mm] + \frac{\rho_{mc-}\cdot\rho_{nc+}}{4A_{n+}} \int_{T_{n+}} G_A(r_{mc-}, r') ds' + \frac{\rho_{mc-}\cdot\rho_{nc-}}{4A_{n-}} \int_{T_{n-}} G_A(r_{mc-}, r') ds' \end{array} \right) \\[6mm] - \frac{1}{j\omega\varepsilon}\left(\begin{array}{l} \frac{1}{A_{n+}} \int_{T_{n+}} G_q(r_{mc+}, r') ds' - \frac{1}{A_{n-}} \int_{T_{n-}} G_q(r_{mc+}, r') ds' \\[2mm] - \frac{1}{A_{n+}} \int_{T_{n+}} G_q(r_{mc-}, r') ds' + \frac{1}{A_{n-}} \int_{T_{n-}} G_q(r_{mc-}, r') ds' \end{array} \right) \end{array} \right\} \quad (5.56)$$

Nous pouvons remarquer que toutes les intégrales contenues dans cette équation ont la forme $\int_{T_{n\pm}} G(r_{mc\pm}, r') ds'$. Dans ce cas l'intégration de cette intégrale sur la surface du triangle T_{n+} ou T_{n-} peut être réalisée par la procédure « centroid integration » [87]. Pour effectuer cette intégration nous utilisons la subdivision barycentrique de chaque triangle primaire arbitraire [67]. Chaque triangle primaire est subdivisé en neuf sous-triangles égaux [68]. Pour cela on considère que la fonction de Green est constante sur chaque sous-triangle.

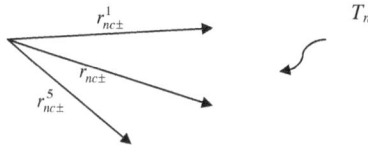

Fig. V.4 : subdivision barycentrique du triangle primaire en 9 sous-triangles égaux

L'intégrale de la fonction de Green $G_{A,q}$ sur le triangle est approximativement égale :

$$\int_{T_{n\pm}} G_{A,q}(r_{mc\pm}, r')ds' \cong \frac{A_{n\pm}}{9} \sum_{k=1}^{9} G_{A,q}(r_{mc\pm}, r_{nc\pm}^k) \tag{5.57}$$

k=1….9, indice des 9 sous-triangles.

Utilisant la représentation (5.57), l'équation (5.56) devient :

$$
Z_{mn} = \frac{l_m l_n}{9} \cdot \left(
\begin{array}{l}
\dfrac{j\omega\mu}{4}
\left(
\begin{array}{l}
\rho_{mc+} \cdot \rho_{nc+} \sum\limits_{k=1}^{9} G_A(r_{mc+}, r_{nc+}^k) + \rho_{mc+} \cdot \rho_{nc-} \sum\limits_{k=1}^{9} G_A(r_{mc+}, r_{nc-}^k) \\
+ \rho_{mc-} \cdot \rho_{nc+} \sum\limits_{k=1}^{9} G_A(r_{mc-}, r_{nc+}^k) + \rho_{mc-} \cdot \rho_{nc-} \sum\limits_{k=1}^{9} G_A(r_{mc-}, r_{nc-}^k)
\end{array}
\right) \\[20pt]
- \dfrac{1}{j\omega\varepsilon}
\left(
\begin{array}{l}
\sum\limits_{k=1}^{9} G_q(r_{mc+}, r_{nc+}^k) - \sum\limits_{k=1}^{9} G_q(r_{mc+}, r_{nc-}^k) \\
- \sum\limits_{k=1}^{9} G_q(r_{mc-}, r_{nc\pm}^k) + \sum\limits_{k=1}^{9} G_q(r_{mc-}, r_{nc-}^k)
\end{array}
\right)
\end{array}
\right)
\tag{5.58}
$$

Avec la procédure « centroid integration », l'intégrale double est réduite à une simple forme qui requiert simplement l'évaluation des fonctions de Green ainsi que des simples opérations arithmétiques. La procédure « centroid integration » élimine l'obligation de l'intégration. On note qu'aucune intégration n'est nécessaire. Il reste maintenant, l'évaluation des fonctions de Green. Cette partie a fait l'objet du chapitre précédant. Nous rappelons les expressions des fonctions de Green dans le domaine spatial :

$$
G_{A,q}(\rho) = \frac{1}{4\pi} \sum_{i=1}^{M+1} R_{RTE,RTEQ}(i) \frac{e^{-jk_0 r_{GA,q}(i)}}{r_{GA,q}(i)}
\tag{5.59}
$$

Après avoir évalué les fonctions de Green dans le domaine spatial, l'élément de la matrice des moments z_{mn} s'écrit (5.60) :

$$
Z_{mn} = \frac{l_m l_n}{36\pi} \cdot \left(
\begin{array}{l}
\dfrac{j\omega\mu}{4}
\left(
\begin{array}{l}
\rho_{mc+}\cdot\rho_{nc+} \sum\limits_{k=1}^{9}\sum\limits_{i=1}^{M+1} R_{RTE}(i)\dfrac{e^{-jk_0 r_{GAm+n+}^k}(i)}{r_{GAm+n+}^k(i)} + \rho_{mc+}\cdot\rho_{nc-} \sum\limits_{k=1}^{9}\sum\limits_{i=1}^{M+1} R_{RTE}(i)\dfrac{e^{-jk_0 r_{GAm+n-}^k}(i)}{r_{GAm+n-}^k(i)} \\
+ \rho_{mc-}\cdot\rho_{nc+} \sum\limits_{k=1}^{9}\sum\limits_{i=1}^{M+1} R_{RTE}(i)\dfrac{e^{-jk_0 r_{GAm-n+}^k}(i)}{r_{GAm-n+}^k(i)} + \rho_{mc-}\cdot\rho_{nc-} \sum\limits_{k=1}^{9}\sum\limits_{i=1}^{M+1} R_{RTE}(i)\dfrac{e^{-jk_0 r_{GAm-n-}^k}(i)}{r_{GAm-n-}^k(i)}
\end{array}
\right) \\[20pt]
- \dfrac{1}{j\omega\varepsilon}
\left(
\begin{array}{l}
\sum\limits_{k=1}^{9}\sum\limits_{i=1}^{M+1} R_{RTEQ}(i)\dfrac{e^{-jk_0 r_{Gqm+n+}^k}(i)}{r_{Gqm+n+}^k(i)} - \sum\limits_{k=1}^{9}\sum\limits_{i=1}^{M+1} R_{RTEQ}(i)\dfrac{e^{-jk_0 r_{Gqm+n-}^k}(i)}{r_{Gqm+n-}^k(i)} \\
- \sum\limits_{k=1}^{9}\sum\limits_{i=1}^{M+1} R_{RTEQ}(i)\dfrac{e^{-jk_0 r_{Gqm-n+}^k}(i)}{r_{Gqm-n+}^k(i)} + \sum\limits_{k=1}^{9}\sum\limits_{i=1}^{M+1} R_{RTEQ}(i)\dfrac{e^{-jk_0 r_{Gqm-n-}^k}(i)}{r_{Gqm-n-}^k(i)}
\end{array}
\right)
\end{array}
\right)
$$

Finalement, après avoir évalué les fonctions de Green, l'intégrale quadruple est simplifiée en une somme de fonctions de Green selon la forme appelée « closed form ». Il suffit d'insérer les valeurs des fonctions de Green correspondant aux centres des sous-triangles et faire les opérations arithmétiques nécessaires. Par l'utilisation de cette nouvelle technique basée sur l'hybridation des procédures « Averaging approximation » et « centroid integration » ainsi que l'utilisation de la forme exacte « closed form » des fonctions de Green nous avons pu éliminer le traitement spécial des singularités et de minimiser considérablement le temps de calcul.

V.4.4 Modèle d'excitation

En fonction du cas étudié, nous pouvons introduire deux types de sources d'excitation :

- Champ incident : c'est le cas d'étude la susceptibilité électromagnétique. La structure est soumise à un champ électromagnétique incident. Le but de l'étude est de déterminer la distribution du courant induit dans la structure.
- Source d'excitation interne à la structure : c'est le cas de l'étude du rayonnement électromagnétique. Dans la structure, nous disposons d'une source de courant ou de tension à hautes fréquences. Le but de l'étude est de déterminer le champ rayonné par la structure et par conséquent la distribution du courant sur la structure.

Dans les deux cas, l'équation matricielle à résoudre (équation MPIE) contient le terme source qui est équivalent à un champ électrique incident. Il faut donc exprimer l'excitation sous forme d'un champ électrique.

L'alimentation des structures planaires est souvent réalisée par les sondes coaxiales ou par les lignes microruban. Pour les deux cas, l'alimentation de la structure planaire est assurée par une source de tension connectée à un gap de très faible largeur [69,70], ce qui va engendrer un champ électrique entre les deux extrémités du gap (voir figure V.5).

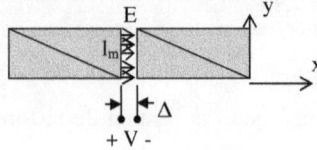

Fig. V.5 : Modèle d'excitation

Le champ électrique généré dans le gap est :

$$E = \frac{V}{\Delta} n_X \qquad (5.61)$$

Si Δ tend vers zéro le champ électrique peut s'écrire sous la forme :

$$E = V\delta(x)n_X \qquad (5.62)$$

A partir de l'équation (5.62) on peut déterminer l'expression du vecteur d'excitation V_m :

$$V_m = \left\langle E, f_m \right\rangle = \int_{T_m^+ + T_m^-} E.f_m \, dS = V \int_{T_m^+ + T_m^-} \delta(x)\, n_X . f_m \, dS = l_m.V \qquad (5.63)$$

On peut alimenter la structure planaire par un câble coaxial, et pour adapter cette méthode d'alimentation à notre technique de calcul le câble est remplacé par son modèle équivalent donné par [70]. Le modèle équivalent d'un cylindre (câble coaxial) est une ligne très mince de largeur quatre fois le rayon du cylindre.

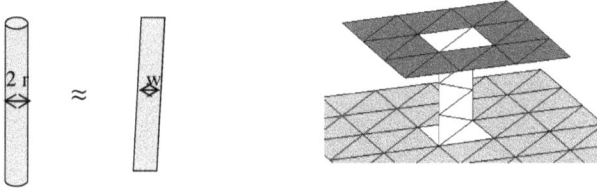

Fig. V.6 : Modèle équivalent d'un câble coaxial utilisé pour alimenter une antenne patch

La figure V.6 présente le ruban équivalent au câble coaxial. Ce ruban vertical est relié à la structure métallique horizontale comme le montre la figure. Il faut d'abord déterminer combien de fonctions de base sont nécessaires pour modéliser correctement la jonction constituée par les trois cellules ayant une arête commune (a, b, c). En fait il suffit de définir deux fonctions de base, l'une plane (Figure (b)) et l'autre coudée (Figure (a) ou (c)), pour modéliser correctement la jonction entre le ruban d'alimentation vertical et la structure métallique supérieure. Pour séparer les deux éléments, il convient de doubler la jonction. La contribution de chaque élément doit être tenue en compte. L'équation (5.63) devient : $V_{m1} = l_{m1} V$ et $V_{m2} = l_{m2} V$ avec $l_{m1} = l_{m2}$.

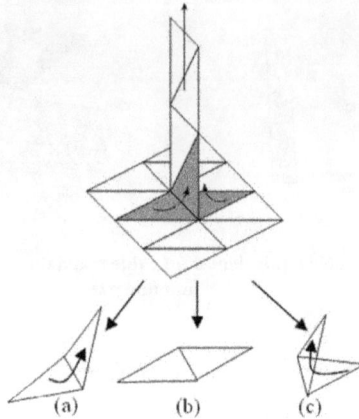

Fig. V.7 : Cellules nécessaires pour modéliser l'alimentation [69]

L'impédance d'entrée de la structure est donnée par le rapport de la tension appliqué au gap avec le courant normale à l'arête d'alimentation ($Z_{in} = V / l_m I_m$) [69,115].

La formule de l'impédance d'entrée devient $Z_{in} = \dfrac{V}{l_{m1} I_{m1} + l_{m2} I_{m2}}$ [69,115].

Ce modèle offre donc un grand avantage puisque l'évaluation du vecteur d'excitation ne nécessite aucun effort de calcul. Mais son inconvénient est qu'il ne peut pas être utilisé pour la modélisation des excitations avec un gap fini différent de zéro. Un nouveau modèle a été récemment développé par Hussein [116] peut contourner cette difficulté.

V.4.5 Résultats numériques

Pour prouver l'efficacité de notre nouvelle technique de calcul des intégrales se trouvant dans la matrice des moments, le plus probant est de comparer les résultats obtenus par ce travail avec ceux issus des travaux antérieurs, reconnus comme des références. Pour en faire nous avons choisi une structure simple : l'antenne dipôle modélisé par Tajdini et al. [71]. Nous avons choisi aussi l'antenne patch E. Cette antenne a été proposée pour la première fois par Yang et al. [72]. Dans cette partie l'analyse de l'antenne dipôle et l'antenne patch E sont considérée pour montrer l'efficacité et la précision de notre technique.

V.4.5.1 **Test de Convergence**

Pour tester la convergence de notre nouvelle technique de calcul des intégrales se trouvant dans la matrice, nous avons choisi une structure simple à savoir un dipôle de longueur $\lambda/2$.

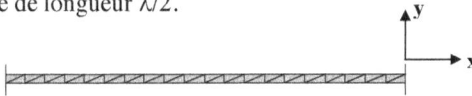

Fig. V.8: Dipôle $\lambda/2$

La longueur du dipôle est de 58 mm (soit $0,475\lambda$). L'alimentation est localisée au centre du dipôle. La fréquence utilisée est de 2,45 GHz (c.a.d. $\lambda=$ 122,44 mm).

L'impédance d'entrée est l'une des paramètres important pour l'étude des structures rayonnantes, en effet elle permet de déterminer le coefficient de réflexion.

L'impédance d'entrée du dipôle est donnée par le rapport de la tension appliqué au gap avec le courant normale à l'arête d'alimentation.

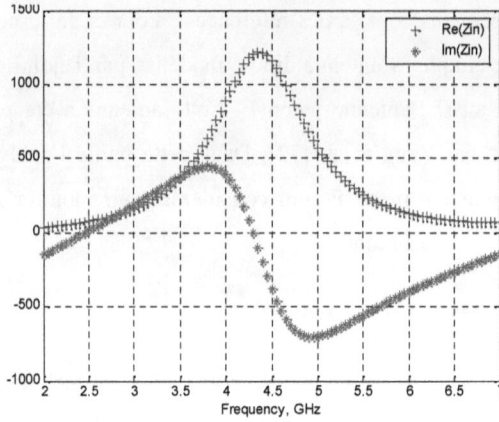

Fig. V.9: Impédance d'entrée du dipôle

D'après la Fig.2 nous remarquons que la première résonance est atteinte pour une fréquence de 2,45 GHz soit pour une impédance d'entrée réelle (Zin ≅ 73Ω) et une longueur du dipôle (L = 0,474λ). Les résultats obtenus par notre technique sont conforme à ceux trouvées par Balanis [73].

Le coefficient de réflexion est représenté par la figure suivante :

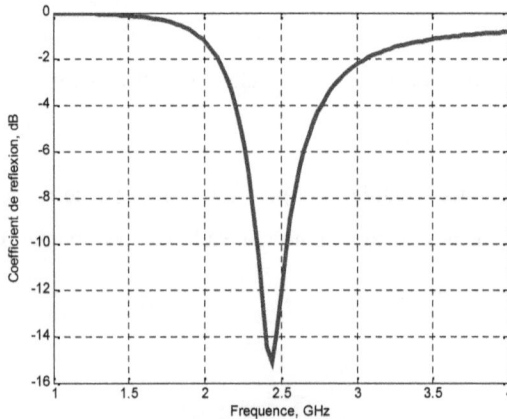

Fig. V.10: Cœfficient de réflexion

La courbe obtenue confirme les résultats précédents.

Dans la figure suivante nous présentons la distribution du courant sur le dipôle pour différents nombres de triangles pour tester la convergence de notre technique.

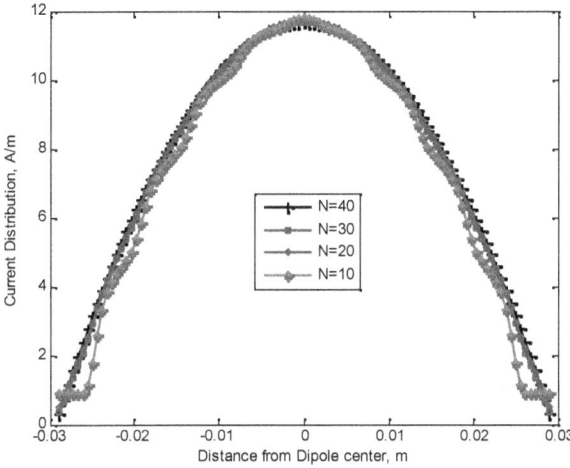

Fig. V.11: Distribution de courant pour différents nombre de triangles

La distribution de courant converge pour un nombre de cellules triangulaires N=40.

V.4.5.2 Antenne dipôle

Les paramètres géométrique de l'antenne dipôle présentée sur la figure sont : permittivité relative (ε_r =4,3), l'épaisseur du substrat (t=5 cm), la longueur du dipôle (l=1,7 cm) et la largeur (w=0,08 cm). La fréquence utilisée dans cette analyse est f=4,8 GHz.

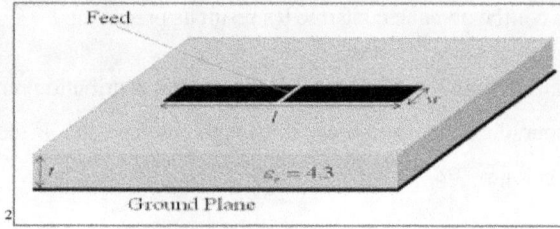

Fig. V.12 : Antenne dipôle (From [71])

La figure suivante présente la comparaison de la distribution de courant calculée par notre technique, par celle développée par Tajdini et al [71], les données ADS [71] et la théorie [73].

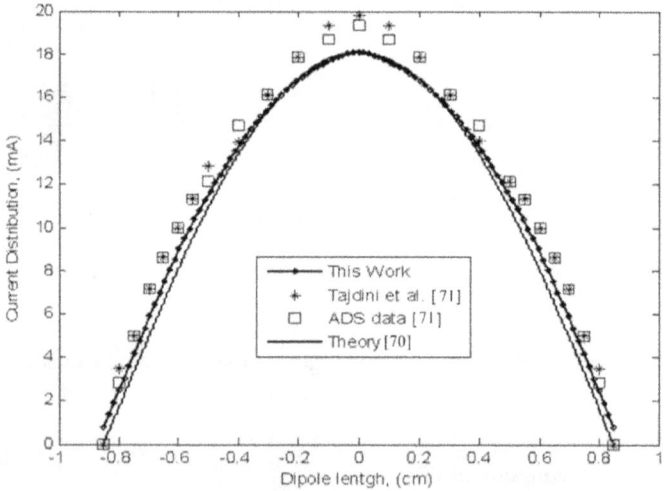

Fig. V.13: Distribution de courant

La précision et l'efficacité de notre technique sont validées par la comparaison de la distribution de courant obtenu par notre technique et ceux obtenus par Tajdini et al [71], les données ADS [71] et la théorie [73].

V.4.5.3   **Antenne patch E**

La configuration de l'antenne patch E est présentée par la figure suivante :

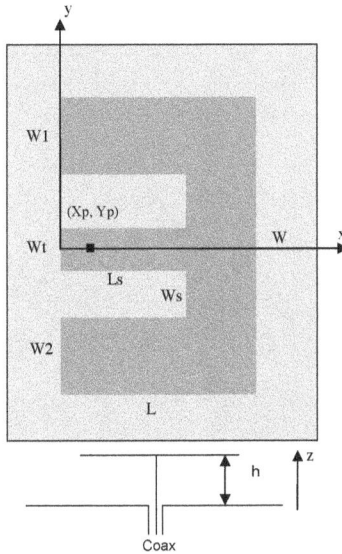

Fig. V.14 : Configuration de l'antenne Patch E [72]

La figure V.11 présente le maillage de l'antenne patch E.

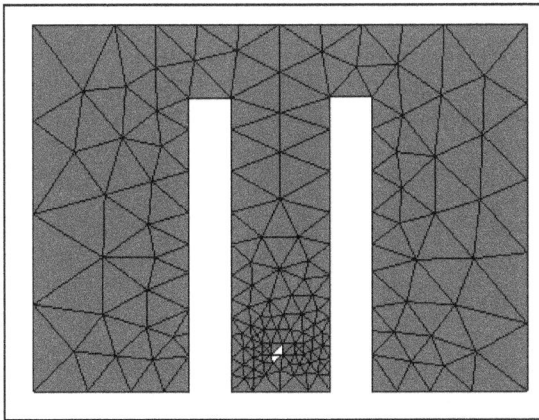

Fig. V.15 : Maillage non uniforme de l'antenne Patch E

La figure V.12 présente une comparaison entre le coefficient de réflexion de l'antenne calculé par la MoM classique, Y. Chen et al. [74] et notre technique de calcul.

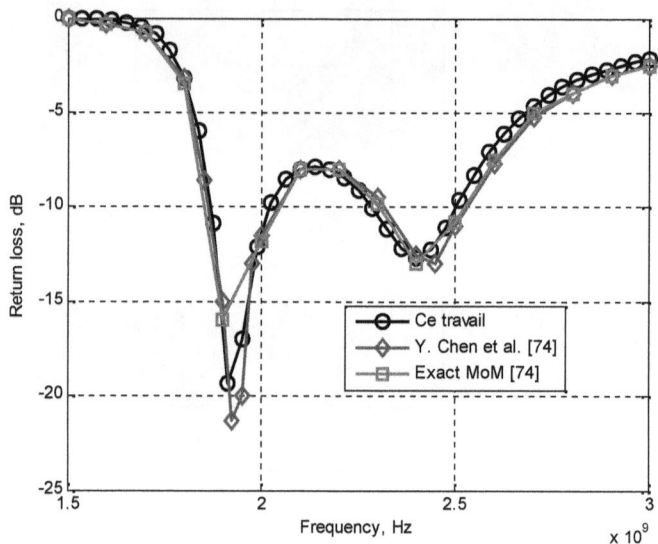

Fig. V.16 : Coefficient de réflexion de l'antenne patch calculé par la MoM, Y. Chen et al. [74] et notre technique

La précision et l'efficacité de notre technique sont validées par la comparaison du coefficient de réflexion calculé par notre technique et ceux obtenu par la MoM classique, le résultat de Chen et al. [74]. Le temps de calcul de l'antenne patch E par notre technique pour une fréquence est de 3.5 sec. Alors que le temps mis avec la MoM classique est de 49 secs [74]. Par conséquent, le gain en temps de calcul est d'environ 93% avec l'utilisation de notre technique.

Tableau 1. Comparaison du temps de calcul

	Temps de calcul (en s)
MoM classique	**49**
Notre technique	**3.5**
Gain (%)	**93**

V.5 CONCLUSION

La méthode des moments permet la résolution des problèmes de rayonnement et de susceptibilité de structures planaires. Elle permet d'abord de calculer la distribution de courant à la surface de ces structures et en suite de calculer les différents paramètres de rayonnement.

A présent, nous avons présenté le principe de la méthode des moments et son application pour le calcul de la distribution de courant sur conducteur. Nous avons développé une nouvelle technique d'évaluation des intégrales contenues dans les éléments de la matrice des moments. Cette technique consiste à une hybridation des deux procédures « averaging approximation » et « centroid integration » ainsi que l'utilisation de la forme « closed form » des fonctions de Green. A l'aide de cette technique nous avons pu éviter le calcul des intégrales quadruples contenues dans la matrice des moments. Le gain en temps de calcul obtenu est ainsi de 93% par rapport à la méthode des moments classique.

La précision et l'efficacité de notre technique sont validées par la comparaison des résultats obtenus par notre technique et ceux obtenus par des travaux antérieures.

CHAPITRE 6

APPLICATIONS & RESULTATS

VI.1 INTRODUCTION

Nous présentons dans ce chapitre un certain nombre d'applications afin de valider la technique que nous avons développée dans cette thèse. Cette technique qui consiste à une nouvelle approche d'évaluation des intégrales contenues dans la matrice des moments. Elle est basée sur un choix judicieux des fonctions de base RWG définies sur les cellules triangulaires et une hybridation des deux procédures « averaging approximation » et « centroid integration ». Nous avons déjà comparé dans le chapitre précédent des résultats obtenus à partir de ce travail avec ceux issus des travaux antérieurs, reconnus comme des références. Pour montrer la capacité de notre technique à l'analyse des structures planaires complexes, des prototypes ont été élaborés en vue d'effectuer les mesures et de les comparer aux résultats obtenues par notre technique [82].

Nous présentons d'abord une étude paramétrique de l'antenne patch E. Cette antenne constituée d'un patch sous forme de la lettre E au dessus du diélectrique est conçue pour fonctionner dans une bande très large (5.5 à 7.5 GHz) [82]. L'alimentation étant assurée par une sonde coaxiale. Nous analysons l'antenne RFID meanderline [83]. Cette structure est conçue pour fonctionner sur la fréquence de 2.45 GHz.

VI.2 ANALYSE DE L'ANTENNE PATCH E

Les antennes patch qui font partie des structures planaires sont en plein essor dans le domaine des télécommunications et ceci revient à leurs avantages : faible encombrement, faible coût de fabrication, etc. Mais l'inconvénient majeur est leur bande passante qui est étroite. Pour s'éparpiller de ce problème, plusieurs solutions ont été proposées. Parmi eux, l'introduction des fentes dans la structure du patch [72].

Dans cette partie, nous allons commencer par la conception de l'antenne patch E puis nous procédons à une étude paramétrique de l'antenne patch E. Ce type d'antenne patch a été introduit pour la première fois dans [72]. Il s'agit d'une structure patch rectangulaire dont on a introduit deux fentes. C'est un simple patch qui diffère des antennes UWB traditionnelles.

VI.2.1 Conception de l'antenne patch E

Les paramètres qui caractérisent l'antenne sont la longueur, la largeur et l'épaisseur (L, W,h) , la longueur et la largeur des fentes (Ls, Ws), la largeur de la partie centrale (Wt) et la position du point d'alimentation (Xp, Yp). Ces paramètres jouent un rôle très important pour le contrôle de la bande souhaitée. La figure suivante représente la configuration de l'antenne patch E.

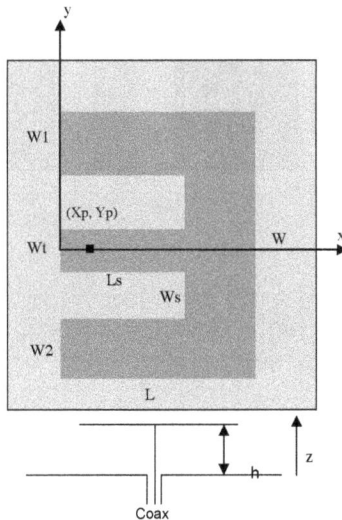

Fig. VI.1 : Paramètres de l'antenne patch E

Nous avons commencé l'étude de cette antenne par une première conception [82]. Ensuite nous avons modifié les dimensions du patch jusqu'au aboutir à une conception finale ayant les dimensions suivantes en millimètres : (L=17.5, W=22.5, h=5), (W1=W2=7.5, Wt=2.5), (Ls=15, Ws=2.5), (Xp=3.75, Yp=0).

Le maillage de la structure de l'antenne est généré par Matlab en utilisant une combinaison des deux codes l'un proposé par [69] et l'autre par Persson [79]. La figure suivante représente le maillage triangulaire de la structure :

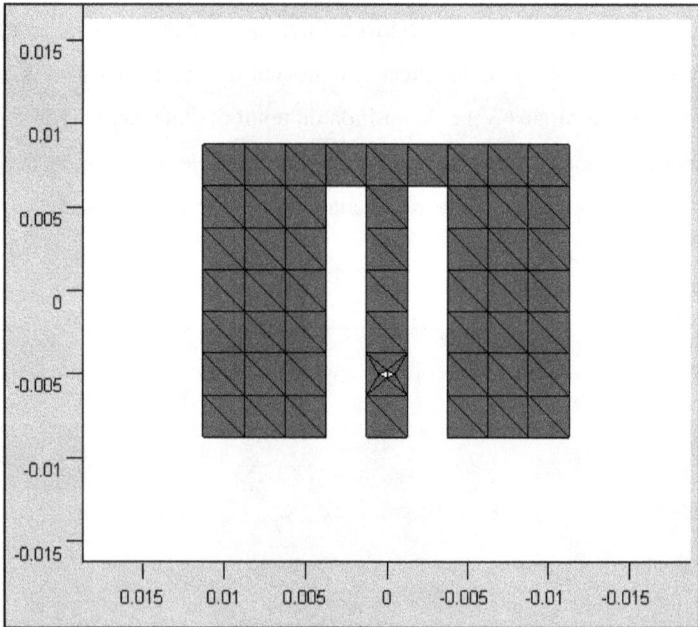

Fig. VI.2 : Structure de l'antenne patch en E après maillage

Nous avons discrétisé la structure en un nombre fini de cellules triangulaires non uniforme. Le maillage est raffiné au niveau de l'alimentation pour plus de précision. Le modèle d'excitation le plus adapté à notre cas est celui décrit au chapitre précédent. L'alimentation de la structure est assurée par une source de tension connectée à un gap de très faible largeur.

L'impédance d'entrée est l'une des paramètres important pour l'étude des structures planaires, en effet elle peut permet de déterminer le coefficient de réflexion S_{11}.

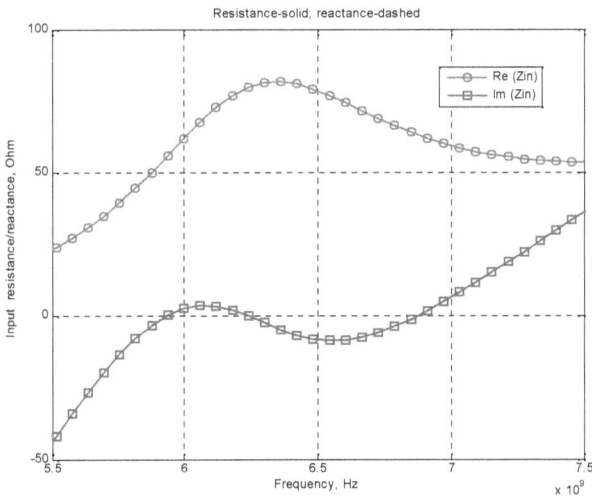

Fig. VI.3 : **Impédance d'entrée de l'antenne en fonction de la fréquence**
Une fois que le paramètre impédance d'entrée est extrait, nous pouvons facilement obtenir le paramètre S_{11} ou coefficient de réflexion.

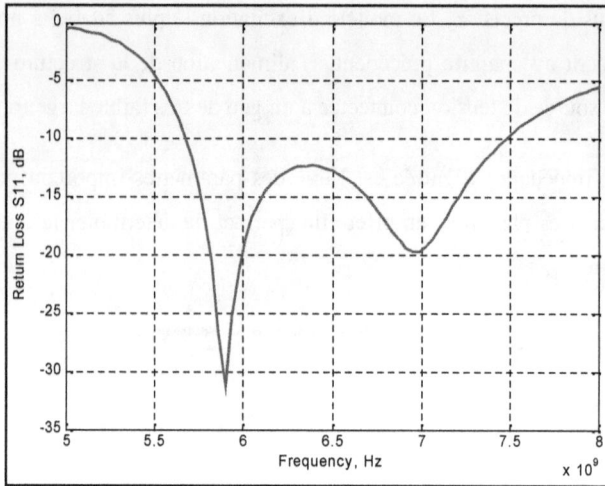

Fig. VI.4 : Paramètre S_{11} de l'antenne patch E

La bande passante est généralement spécifiée par la bande de fréquences où le paramètre S_{11} est inférieure à -9.5 dB qui correspond à un rapport VSWR (Voltage Standing Wave Ratio) inférieure à 2 [88].

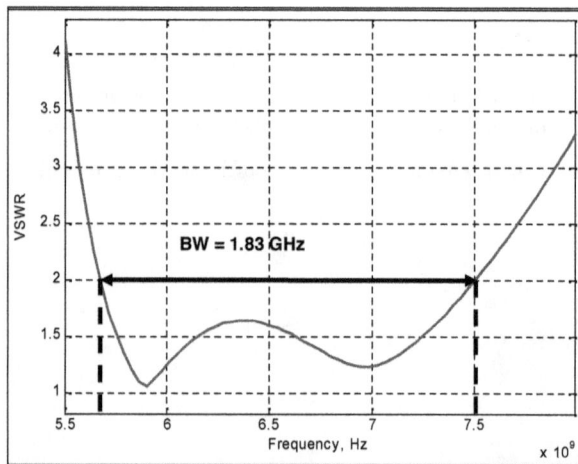

Fig. VI.5 : VSWR de l'antenne patch E

L'antenne dispose d'une bande de fréquences (5,67 GHz à 7,5 GHz) pour un VSWR inférieure à 2. La bande passante est donc de 27,8 %. Les deux fréquences de résonnances sont : La première est de 6.97GHz et la deuxième est de 5.87 GHz.

La première résonance est à la fréquence 6.97 GHz ou encore la haute fréquence. Elle est obtenue lorsque le courant circule entre les deux bornes de la partie centrale de la structure du patch : c'est-à-dire la partie qui existe entre les deux fentes. Dans l'ordre d'introduire une deuxième fréquence de résonance et par elle une deuxième bande on fait introduire deux fentes dans le patch comme dans la figure ci-dessus. Ces fentes sont utilisées dans le but de donner un deuxième chemin au courant qui circule dans le patch. En effet, d'après [72] le courant passe par le point d'alimentation et va circuler dans la structure du patch jusqu'au atteindre les deux bornes de la partie centrale.

Lorsqu'on fait introduire les deux fentes, un autre chemin pour le courant qui circule dans la partie centrale du patch est ajouté. C'est un chemin aux bornes de la partie centrale qui va créer par la suite une deuxième fréquence de résonance.

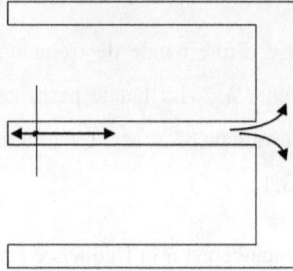

Fig. VI.6 : Chemin du courant sur la structure patch E

Pour les deux fréquences de résonances nous remarquons que l'impédance caractéristique de l'antenne est bien adaptée à celle d'un câble coaxiale ayant une impédance caractéristique de 50 ohms. Pour la première fréquence de résonance égale à 6.97Ghz, l'impédance d'entrée est de $Z=60.2+j*4.8$ Ohms. Pour la deuxième fréquence de 5.87 GHz l'impédance d'entrée est de $Z=50.04-j*3.27$ Ohms.

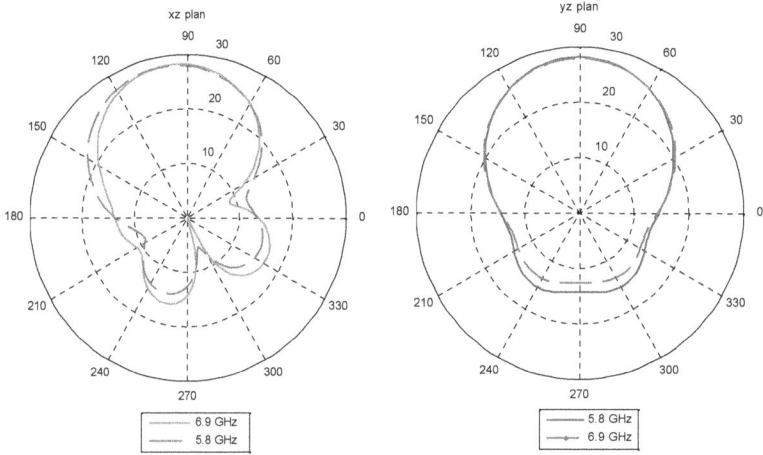

Fig. VI.7 : Diagramme de rayonnement (a) dans le plan xz, (b) dans le plan yz

D'après les courbes représentatives des diagrammes de rayonnement, on remarque que ces diagrammes sont quasi-omnidirectionnels et on a un maximum de puissance dans la direction (O z).

VI.2.2 Etude paramétrique

Après avoir présenté la conception de l'antenne E, nous poursuivons l'analyse par une étude paramétrique de l'antenne. Dans cette étude, les différents paramètres (Ls, Ws, Wt, h) ainsi que le plan de masse seront varié. On note que chaque fois où un paramètre sera varier, les autres sont maintenus fixes.

VI.2.2.1 Effet de la longueur de la fente Ls

Nous avons fait varier la longueur de la fente Ls de 10 à 16.25 mm. La figure VI.8 présente les paramètres S11 pour les différentes valeurs de Ls. On note que les autres paramètres sont fixes.

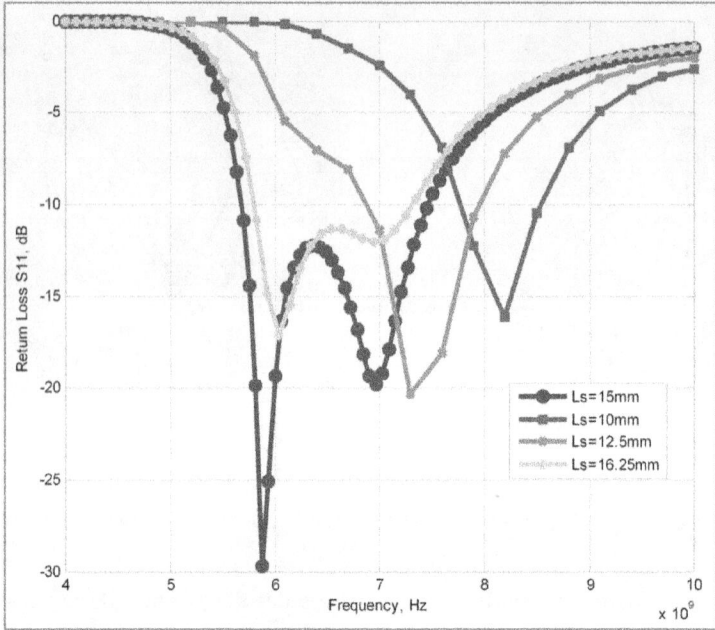

Fig. VI. 8 : Paramètre S_{11} pour différentes valeurs de Ls

Lorsque Ls est petit (10 et 12.5 mm) on remarque qu'une seule fréquence de résonnance qui existe. Si on augmente la valeur de Ls, une nouvelle fréquence de résonnance inférieure à la première apparaît. La valeur de la fréquence de résonance la plus haute correspond au mode fondamentale qui va se propager.

En comparant les deux courbes qui correspondent à Ls=15mm et Ls=16.25mm, on remarque qu'on a la même fréquence de résonance (7GHz) mais la deuxième fréquence de résonance de l'antenne patch qui a une longueur de fente Ls=16.25 GHz est supérieur à celle qui a une longueur de fente Ls=15mm. Ceci est expliqué du faite que si on augmente la longueur de la fente cela va introduire une diminution du trajet du courant depuis l'alimentation jusqu'à les bornes d'extrémité ce qui implique une augmentation de fréquence de résonance [80]. Le meilleur résultat est obtenu pour une longueur Ls éguale à 16.25 mm

VI.2.2.2 Effet de la largeur de la fente Ws

Nous avons fait varier la largeur de la fente Ws de 1.25 à 5 mm. La figure VI.9 présente les paramètres S_{11} pour les différentes valeurs de Ws. On note que les autres paramètres sont fixes.

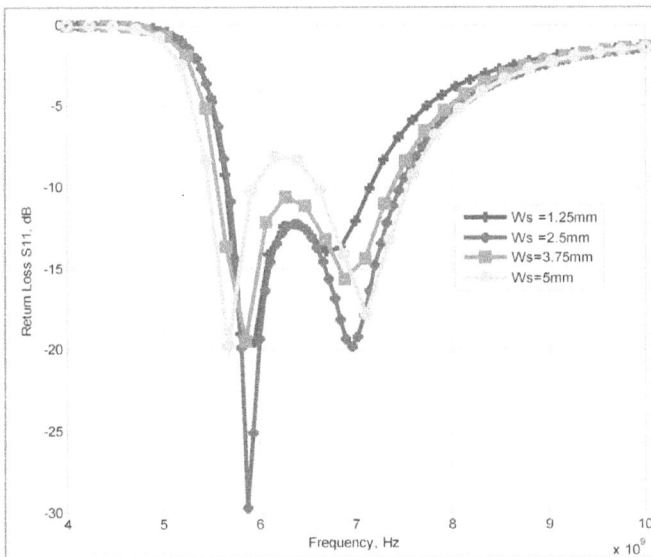

Fig. VI.9 : Paramètre S_{11} en variant la largeur de la fente Ws

On remarque que pour toutes les courbes des paramètres S_{11} la présence des deux fréquences de résonances. Si on augmente la valeur de Ws à partir de 2.5 mm jusqu'au 5 mm, la valeur de S11 diminue. On obtient une antenne bibande au lieu d'une antenne UWB pour une valeur de Ws égale à 5 mm. Le meilleur résultat est obtenue pour Ws égale à 2.5mm.

VI.2.2.3 Effet de la largeur de l'aile intermediaire Wt

La figure suivante montre la variation du paramètre S11 pour plusieurs valeurs de la largeur de l'aile intermédiaire (2.5 mm jusqu'au 12.5 mm).

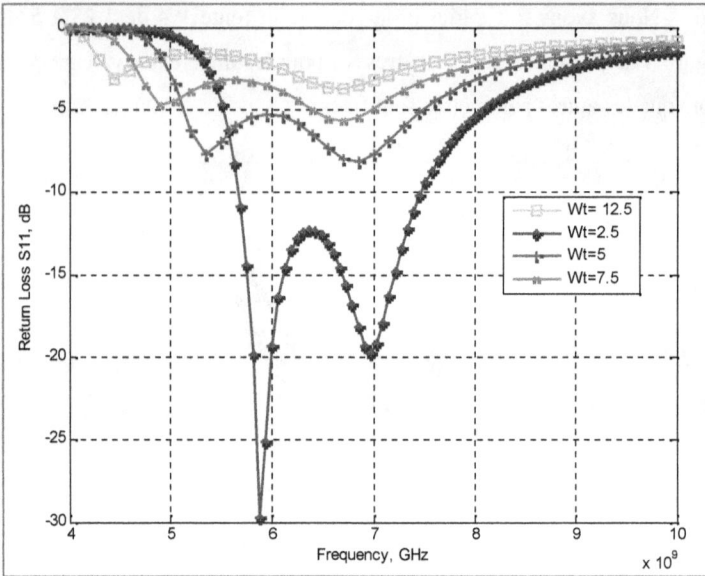

Fig. IV.10 : Effet de variation de la largeur de l'aile intermédiaire sur S_{11}

On remarque que si on augmente la largeur de l'aile intermédiaire, la valeur du paramètre S_{11} diminue. Le meilleur résultat est obtenu pour Wt égale à 2.5 mm.

VI.2.2.4 Etude de l'effet de l'épaisseur du substrat h

Dans ce paragraphe nous varions l'épaisseur h du diélectrique. La figure suivante présente la variation du paramètre S_{11} pour différentes valeurs de h :

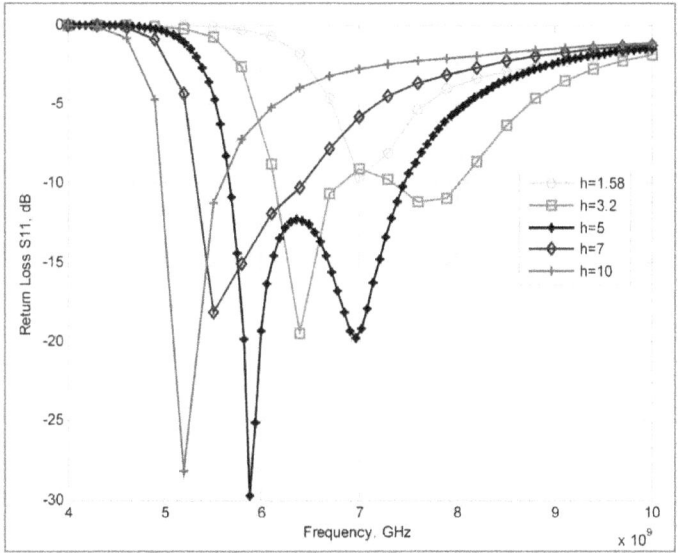

Fig. VI.12 : Effet de variation de l'épaisseur h sur S$_{11}$

Nous remarquons que la valeur h=5 mm donne le meilleur résultat. Pour une valeur de h inférieure à 5 mm l'antenne devient bibande avec une bande étroite. Si on dimunie encore h la deuxième bande de l'antenne disparaît et elle devient monobande avec décalage de la fréquence de résonnance vers le haut. De même si h augmente l'antenne devient monbande avec décalage de la fréquence de résonnance vers le bas.

VI.2.2.5 Etude de l'effet du plan de masse sur le paramétre S11

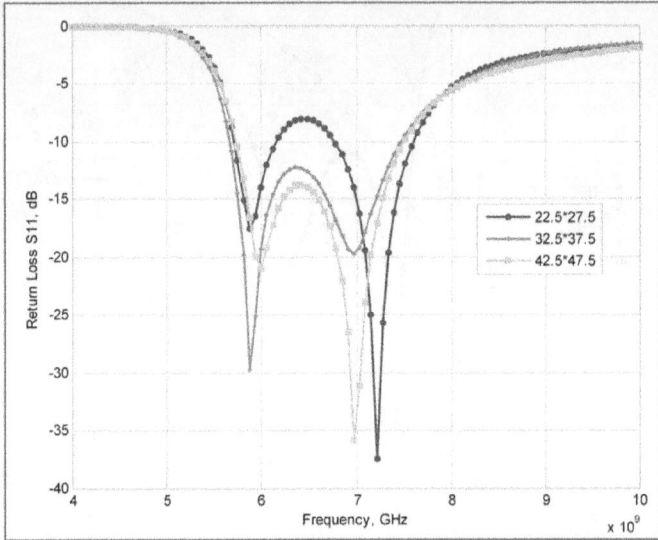

Fig. VI.13 : Effet de variation du plan de masse sur le paramètre S_{11}

On remarque que si on fait varier les dimensions du plan de masse l'antenne conserve une bande large pour une dimension du plan de masse supèrieure à (32.5×37.5) mm^2 le paramètre S_{11} de l'antenne varie peu et la bande passante est conservée. Alors que si on diminue les dimensions du plan de masse, l'antenne devient bibande et non pas large bande.

VI.3 ANALYSE DE L'ANTENNE RFID MEANDERLINE

La technologie d'identification par radiofréquence RFID (Radio Frequency Identification) repose sur l'utilisation d'une puce électronique qui est reliée à une antenne miniature [85]. Elle opère généralement, d'une façon passive, sans énergie propre, en attente d'être activée par des fréquences radio émises par le lecteur RFID et utilisant l'énergie du signal radio reçu. Dans ce paragraphe on s'interesse à l'analyse de quelques antennes du type RFID en utilisant la technique que nous avons développé. Les effets d'une plaque métallique, placée au dessous de l'antenne, sur les différents paramètres (impédance d'entrée, paramètre S_{11} et le diagramme de rayonnement) sont présentés.

La géométrie de l'antenne meanderline proposée est présentée sur la figure suivante :

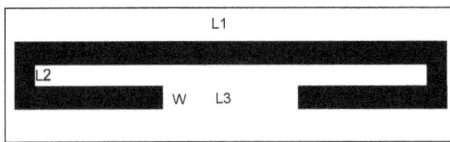

Fig. VI.14 : Géométrie de l'antenne RFID

Nouas avons commencé par une conception initiale puis nous avons modifié les dimensions de l'antenne RFID jusqu'au avoir les dimensions qui donnent la fréquence de résonnance réquise (2.45 GHz) [83]. Après plusieurs essais, nous avons abouti aux dimensions suivantes (en millimètres) : (L1=40, L2= 2.5, L3=15 and W=0.5).

La figure VI.15 présente le maillage de l'antenne et celui de la plaque métallique qui sont générés par Matlab.

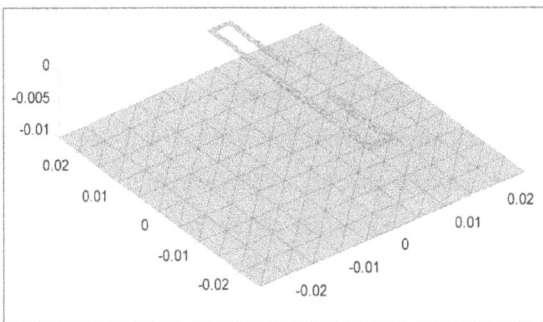

Fig. VI. 15 : Maillage de l'antenne RFID et de la plaque métallique

VI.3.1 Etude de l'effet de la hauteur h

Pour chercher l'iunfluence de la hauteur sur les paramètres de l'antenne RFID, on considère que les dimensions de la plaque sont maintenues constantes (50 mm × 50 mm). Les hauteurs étudiées varient entre 5 mm et 300 mm.

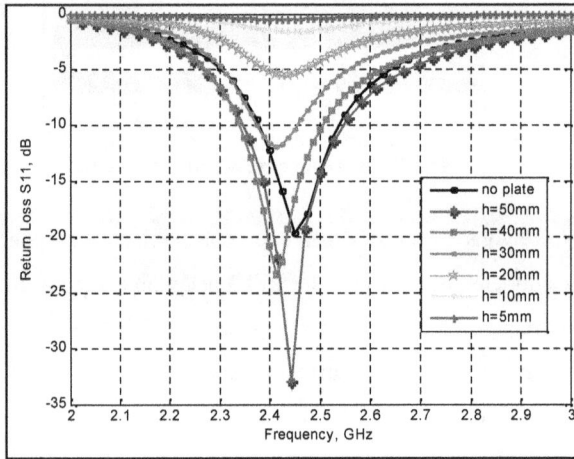

Fig. VI.16 : **Coefficients de réflexions pour différentes hauteur**

Nous remarquons que lorsque l'antenne est très proche de la plaque métallique (h<30 mm) le coefficient de réflexion est supérieur à -10 dB. Alors que pour h>30 mm le coefficient de réflexion est inférieur à -10 dB et prend la valeur la plus faible pour h=50 mm. Le coefficient de réflexion diminue en s'approchant de plus en plus de la plaque mais à une hauteur h=30 mm il augmente brusquement en valeur absolu. La plaque joue à cette hauteur le rôle d'un réflecteur qui concentre les faisceaux rayonés sur l'antenne en améliorant l'intensité de l'énergie transmise.

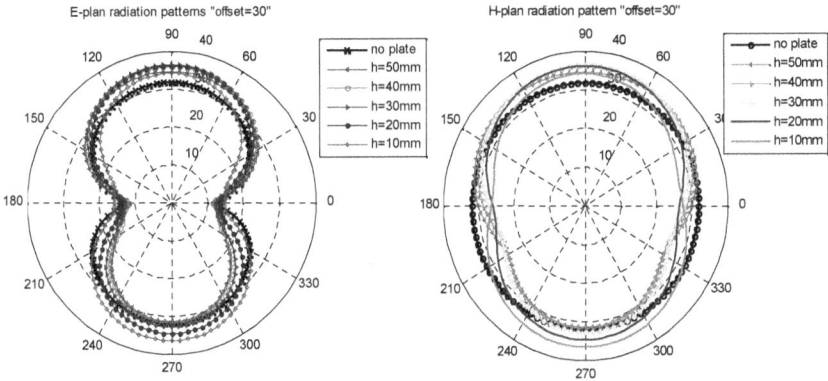

Fig. VI.17 : Diagrammes de rayonnement pour différentes valeurs de la hauteur

VI.3.2 Etude de l'effet de la surface de la plaque

Pour émaner l'effet de la variation des dimensions de la plaque, la hauteur est maintenue constante à une valeur choisie égale à 50 mm. Ramouen et al. [81] ont étudié l'effet des dimensions de la plaque métallique sur les paramètres d'un dipôle simple. Ils ont fait varier la largeur et la longueur de la plaque, ils ont eu le même effet. Dans ce travail nous préférons d'étudier l'effet de la surface de la plaque sur l'antenne meanderline. Pour en faire, nous varions la surface de 20×20 mm^2 jusqu'au 300×300 mm^2. La figure suivante présente le paramètre S_{11} pour différentes valeurs de la surface de la plaque.

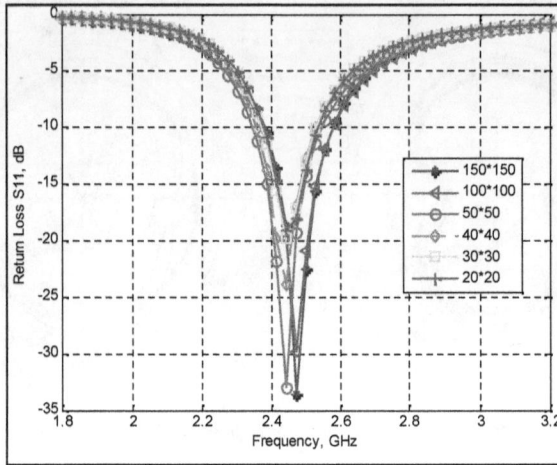

Fig. VI.18 : Coefficients de réflexions pour différentes valeurs de la surface

On observe que la fréquence de résonnance reste pratiquement inchangée autour de la valeur requise (2,45 GHz). On conclu qu'il n'y a pas d'effet de la surface métallique sur le coefficient de réflexion et par conséquent sur la fréquence de résonnance. Mais pour le diagramme de rayonnement, il n'est plus encore omnidirectionnel. En fonction de la surface on obtient un diagramme ayant un lobe principal dans la direction (Oz) à partir de l'antenne et un lobe secondaire dans la direction de la plaque métallique. La figure VI.19 présente les différents diagrammes de rayonnement pour différentes valeurs de la surface de la plaque.

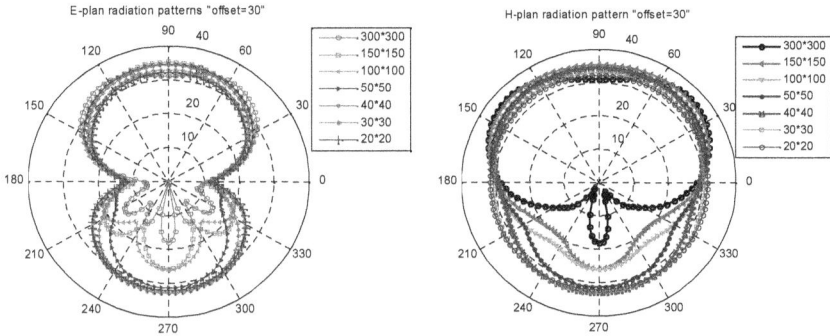

Fig. VI.19 : Diagrammes de rayonnement pour différentes valeurs de la surface

Plus la surface de la plaque est importante plus la directivité de l'antenne augmente. La directivité est maximale à une surface égale à 150×150 mm².

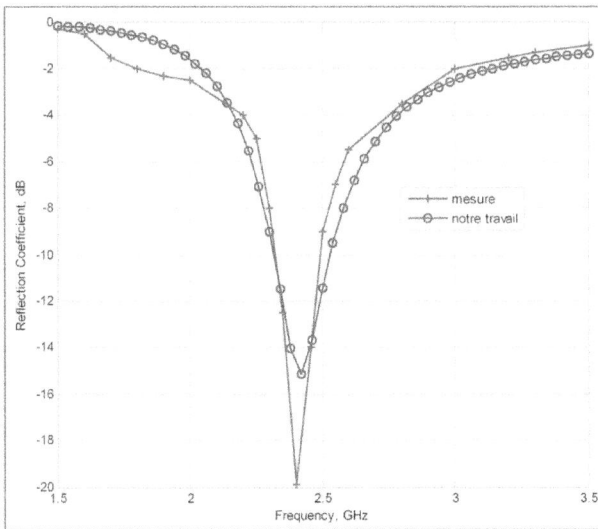

Fig. VI.20 : Comparaison du coefficient de réflexion de l'antenne calculé et mesuré

On remarque que les deux courbes des coefficients de réflexions sont similaires. L'efficacité de cette technique est donc vérifiée par la comparaison du coefficient de réflexion obtenu par notre travail et celui obtenu par les mesures.

VI.4 CONCLUSION

Ce chapitre a fait l'objet de la mise en valeur des performances de la technique que nous avons développée. En effet, nous avons procédé à une étude paramétrique de l'antenne patch permettant de dégager les effets des variations des différents paramètres géométriques. Nous avons aussi procéder à la réalisation et aux mesures de la structure meanderline. Les résultats obtenus par mesures et ceux déterminés par la technique développée sont en bon accord. La fréquence de résonance de l'antenne présente une erreur inférieure à 5%.

CONCLUSION GENERALE

Cette thèse a présenté une nouvelle technique de calcul des éléments de la matrice des moments. Cette technique est efficace et rapide. Ceci est validé par son application pour l'analyse des structures planaires. Elle est basée sur le choix des fonctions de base RWG définies sur les cellules triangulaires et une hybridation des deux procédures « averaging approximation » et « centroid integration » ainsi que l'utilisation de la forme « closed form » des fonctions de Green.

Le premier chapitre a été consacré pour la présentation de l'état de l'art sur la modélisation électromagnétique des structures planaires. Nous avons présenté les propriétés des structures planaires ainsi que leurs différents types. La dernière partie de ce chapitre a été consacré pour dévoiler les techniques d'alimentation de ces structures ainsi que les outils de leur caractérisation.

Dans le deuxième chapitre nous avons rappelé les équations de Maxwell. La convention temporelle adoptée, les potentiels vecteur et scalaire, les conditions aux limites ainsi qu'une brève introduction de la notion des fonctions de Green et leurs intérêts à la résolution du problème des équations intégrales en électromagnétisme ont été présentés.

Le troisième chapitre a été consacré pour la présentation des méthodes d'analyse en électromagnétisme. Nous avons commencé par l'introduction de l'intégration de l'analyse électromagnétique dans les phases de conception puis nous avons découvert les différentes méthodes d'analyse qui peuvent être classées en deux types : les méthodes approchées (la méthode TLM, le modèle de cavité) et les méthodes rigoureuses (la méthode des éléments finis, la méthode des différences finis, la méthode des moments…).

Dans le quatrième chapitre, nous avons évalué les fonctions de Green dans le domaine spatial. Les fonctions de Green dans le domaine spectral ont été exprimées par une somme de fonctions exponentielles à l'aide de la méthode GPOF (Generalised Pencil Of Functions). Leurs expressions sont déterminées dans le domaine spatial en utilisant l'identité de Sommerfeld, ainsi le calcul numérique de l'intégrale exprimant la transformée de Hankel inverse a été évité.

Dans le cinquième chapitre, nous avons étalé la méthode des moments et son application pour le calcul de la distribution de courant électrique sur un conducteur. Puis nous avons développé la nouvelle technique d'évaluation des intégrales contenues dans la matrice des moments. Cette technique est basée sur un choix judicieux des fonctions de base RWG définies sur les cellules triangulaires et une hybridation des deux procédures « averaging approximation » et « centroid integration » ainsi que l'utilisation de la forme « closed form » des fonctions de Green. Un modèle d'excitation adapté aux structures planaires a été présenté. Pour prouver l'efficacité de notre nouvelle technique de calcul des intégrales se trouvant dans la matrice des moments, les résultats obtenus par ce travail ont été comparés avec ceux issus des travaux antérieurs, reconnus comme des références.

Dans le sixième chapitre, nous avons mis l'accent sur un certain nombre d'applications afin de valider la technique que nous avons développée dans cette thèse. Pour montrer les performances de notre technique d'analyser des structures planaires complexes, des structures d'antennes ont été élaborées, les mesures ont été réalisées et sont comparées aux résultats obtenus par l'application de notre technique. Nous avons effectué une étude paramétrique de l'antenne patch E. Nous avons analysé ensuite quelques antennes RFID à savoir la structure meanderline. Les résultats numériques ont été interprétés et sont en bon accord avec les résultats expérimentaux.

Notre travail peut s'insérer dans le cadre de développement d'une technique d'analyse des structures planaires complexes. Les perspectives de ce travail peuvent porter essentiellement sur les points suivants :

- Amélioration du temps de calcul par l'hybridation d'une procédure d'interpolation ou la méthode multipôle rapide à notre nouvelle technique proposée.
- Implantation de cette technique dans un simulateur afin de rendre le code de calcul accessible aux ingénieurs de conception des circuits micro-ondes.

LISTES DES PUBLICATIONS

REVUES:

[1] **N. Ghannay** and A. Samet "Efficient Technique to Calculate Moment Method Impedance Matrix Applied to the Analysis of Arbitrarily Microstrip Structures", accepté par le journal international *Applied Computational Electromagnetics Society*.

CONFERENCES :

[1] **N. Ghannay**, F. Romdhani et A. Samet "Caractérisation des structures rayonnantes par utilisation des fonctions de base RWG dans la Méthode des Moments" *Cinquième Conférence Internationale IEEE JTEA 2008*, Hammamet, Tunisie, Mai 2008, pp. 315-318.

[2] F. Romdhani, A. Mhammdi, **N. Ghannay** et A. Samet, "Technique efficace pour la simulation électromagnétique des circuits électriques HF basée sur la méthode des moments" *Cinquième Conférence Internationale IEEE JTEA 2008*, Hammamet, Tunisie, Mai 2008, pp. 309-314.

[3] **N. Ghannay**, M. Denden, F. Romdhani and A. Samet, "A Novel Technique for Calculating Moment Method Impedance Matrix", *IEEE MMS 2008 Symposium*, Damascus, Syria, October 2008, pp. 77-80.

[4] **N. Ghannay** and A. Samet "E-Shaped Patch Antenna Modeling with MoM and RWG Basis Functions" *2009 IEEE International Conference on Electronics, Circuits, and Systems Proceedings,* pp.199-202.

[5] M. B. Ben Salah, **N. Ghannay**, and A. Samet "Efficient Application of the Discrete Complex Images Method in the Analysis of Planar Guiding Structures" *IEEE MMS 2009 Symposium*, Tangiers, Morocco, November 2009.

[6] **N. Ghannay**, M B. Ben Salah, M. Denden and A. Samet "Effects of Metal Plate to RFID Tag Antenna Parameters", *6th International Conference on Electrical Systems and Automatic Control JTEA'2010*, Hammamet, Tunisia, Mars 2010.

[7] **N. Ghannay** and A. Samet "Analysis of RFID Antenna Using an Efficient Impedance Matrix Technique Computation" *IEEE MMS 2011 symposium*, Hammamet, Tunisie, September 2011, pp. 55-57.

ANNEXES

ANNEXE A

DETERMINATION DES COEFFICIENTS DE TRANSMISSION GENERALISES

Dans notre étude, sont considérées les structures planaires où la perméabilité ε et la permittivité μ varient selon une seule direction arbitrairement choisi selon (z).

Les coefficients de transmission relatifs à ces structures s'écrivent en termes d'ondes planes transverses électriques (TE) et transverses magnétiques (TM).

Le calcul des coefficients de transmission nécessite la connaissance des coefficients de réflexion généralisés. On commença ainsi par l'étude d'une structure simple, à savoir le dioptre plan.

A.1 : DIOPTRE PLAN

Le dioptre plan est l'exemple le plus simple d'une inhomogénéité planaire de dimension 1 [5]. Comme l'indique la figure (A.1), le dioptre est composé de 2 milieux de permittivités diélectriques différentes, séparés par un plan qui délimite ces deux milieux.

Une onde incidente qui se propage dans cette structure sera décomposée à l'interface des deux milieux en une onde réfléchie et une onde transmise.

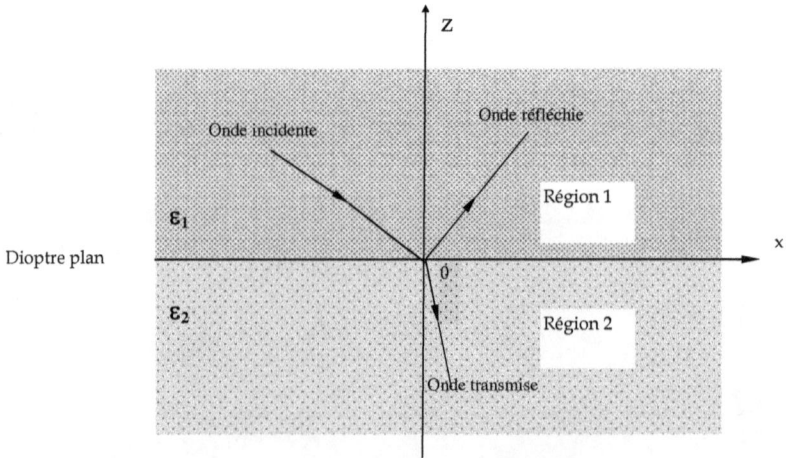

Soient k_{z1} et k_{z2} : les nombres d'onde selon la direction (oz) respectivement dans les milieux 1 et 2.

Ils sont définis par les relations de dispersion suivantes :

$$\begin{cases} k_{z1}^2 + k_\rho^2 = k_0^2 \\ k_{z2}^2 + k_\rho^2 = \varepsilon_r k_0^2 \end{cases} \qquad (A.1)$$

où : k_ρ est le nombre d'onde radial ; $k_\rho^2 = k_x^2 + k_y^2$

k_x étant le nombre d'onde selon (ox)

k_y étant le nombre d'onde selon (oy)

Considérons la propagation d'une onde plane TE$_z$ et TM$_z$. L'interaction entre l'onde plane et le milieu de propagation est à l'origine d'un phénomène de réflexion caractérisé par des coefficients dits de réflexion.

Cette interaction peut être représentée à l'aide du système suivant :

$$\begin{cases} E_{1y} = E_0\, e^{jk_{z1}z} + E_0\, r_{TE,TM}^{12}\, e^{-jk_{z1}z} \\ E_{2y} = E_0\, t_{TE,TM}^{12}\, e^{jk_{z2}z} \end{cases} \qquad (A.2)$$

Où :

• E_{1y} représente le champ électrique résultant dans le milieu (1). Ce champ correspond à la somme de l'onde incidente et l'onde réfléchie.

• E_{2y} représente le champ relatif à l'onde transmise du milieu 1 vers le milieu 2.

• E_0 est l'amplitude du champ.

$r_{TE,TM}^{12}$ et $t_{TE,TM}^{12}$ représentent respectivement les coefficients de réflexion et de transmission relatifs à une onde TE et TM, au niveau de l'interface air-diélectrique. Ces coefficients sont donnés par :

$$r_{TE}^{12} = \frac{k_{z1} - k_{z2}}{k_{z1} + k_{z2}} \qquad (A.3)$$

$$t_{TE}^{12} = \frac{2k_{z1}}{k_{z1} + k_{z2}} \qquad (A.4)$$

$$r_{TM}^{12} = \frac{\varepsilon_2 k_{z1} - \varepsilon_1 k_{z2}}{\varepsilon_2 k_{z1} + \varepsilon_1 k_{z2}} \qquad (A.5)$$

$$t_{TM}^{12} = \frac{2\varepsilon_2 k_{z1}}{\varepsilon_2 k_{z1} + \varepsilon_1 k_{z2}} \qquad (A.6)$$

A.2 : MILIEU STRATIFIÉ

Avant de résoudre le problème général relatif à une structure comportant N couches (Figure A.2), considérons en premier lieu le problème plus spécifique de la réflexion d'une onde de type TE à travers une structure à trois couches [59].

A-2-1 : Milieu à trois couches

Un tel milieu peut être représenté par le schéma suivant :

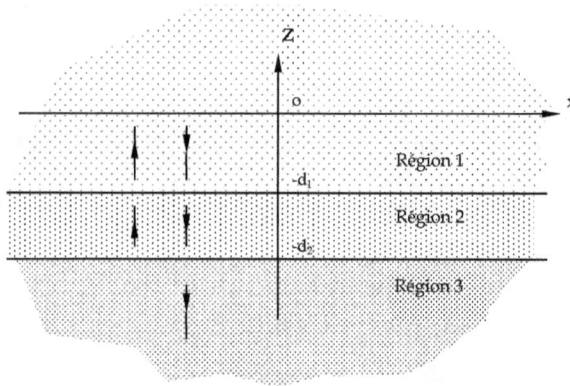

Figure A.2 : Milieu stratifié à trois couches

Le champ électrique a pour expression, dans le cas d'une onde plane TE :

$$E_{1y}(z) = A_1 e^{jk_{z1}z} + A_1 R_{TE}^{12} e^{-jk_{z1}\left(2d_1+z\right)} \qquad \text{milieu (1)} \qquad \text{(A.7)}$$

$$E_{2y}(z) = A_2 e^{jk_{z2}z} + A_2 r_{TE}^{23} e^{-jk_{z2}\left(2d_2+z\right)} \qquad \text{milieu (2)} \qquad \text{(A.8)}$$

$$E_{3y}(z) = A_3 e^{jk_{z3}z} \qquad \text{milieu (3)} \qquad \text{(A.9)}$$

A_1, A_2 et A_3 sont les amplitudes respectives des champs $E_{1y}(z)$, $E_{2y}(z)$ et $E_{3y}(z)$.

R_{TE}^{12} est le coefficient de réflexion généralisé.

Les coefficients de réflexion sont tels que les conditions aux limites sur les interfaces soient satisfaites [59] .

L'onde descendante de la région (2) est la combinaison d'une partie transmise de l'onde descendante de la région (1) et une partie réfléchie de l'onde montante de la région (2).

Ceci nous permet d'écrire au niveau de l'interface (z=-d_1) :

$$A_2 e^{-jk_{z2}d_1} = A_1 t_{TE}^{12} e^{-jk_{z1}d_1} + A_2 r_{TE}^{21} r_{TE}^{23} e^{-jk_{z2}\left(2d_2 - d_1\right)} \tag{A.10}$$

De même pour l'onde montante de la région (1) dont une partie provient de la réflexion de l'onde descendante du milieu (1) et une autre de la transmission de l'onde montante du milieu (2).

On aura alors au niveau de l'interface (z = -d_1) :

$$A_1 R_{TE}^{12} e^{-jk_{z1}d_1} = A_1 r_{TE}^{12} e^{-jk_{z1}d_1} + A_2 r_{TE}^{23} t_{TE}^{21} e^{-jk_{z2}\left(2d_2 - d_1\right)} \tag{A.11}$$

En faisant la combinaison des équations (A.10) et (A.11), on aboutit à l'expression du coefficient de réflexion généralisé pour une onde plane TE :

$$R_{TE}^{12} = r_{TE}^{12} + \frac{r_{TE}^{12} r_{TE}^{23} t_{TE}^{21} e^{-jk_{z2}\left(d_2-d_1\right)}}{1 - r_{TE}^{12} r_{TE}^{23} e^{-jk_{z2}\left(d_2-d_1\right)}} \tag{A.12}$$

r_{TE}^{ij} est le coefficient de réflexion du milieu i vers le milieu j donné par :

$$r_{TE}^{ij} = \frac{k_{zi} - k_{zj}}{k_{zi} + k_{zj}} \tag{A.13}$$

t_{TE}^{ij} est le coefficient de transmission du milieu i vers le milieu j, son expression est :

$$t_{TE}^{ij} = \frac{2k_{zi}}{k_{zi} + k_{zj}} \tag{A.14}$$

D'une manière analogue, on peut définir le coefficient de réflexion généralisé d'une onde plane TM donné par :

$$R_{TM}^{12} = r_{TM}^{12} + \frac{r_{TM}^{12} r_{TM}^{23} t_{TM}^{21} e^{-jk_{z2}\left(d_2-d_1\right)}}{1 - r_{TM}^{12} r_{TM}^{23} e^{-jk_{z2}\left(d_2-d_1\right)}} \tag{A.15}$$

Avec :

$$r_{TM}^{ij} = \frac{\varepsilon_j k_{zi} - \varepsilon_i k_{zj}}{\varepsilon_j k_{zi} + \varepsilon_i k_{zj}} \tag{A.16}$$

$$t_{TM}^{ij} = \frac{2\varepsilon_j k_{zi}}{\varepsilon_j k_{zi} + \varepsilon_i k_{zj}} \tag{A.17}$$

A-2-2 : Milieu à N couches (N>3)

Cette structure (Figure A.2) est la généralisation du cas précédent [44]. Les expressions des coefficients de réflexion généralisés peuvent être déduites, par analogie, à partir de la structure à trois couches, on aura donc :

$$\begin{cases} R_{TE,TM}^{i,i+1} = \dfrac{r_{TE,TM}^{i,i+1} + R_{TE,TM}^{i+1,i+2} e^{-j2k_{z,i+1}\left(d_{i+1}-d_i\right)}}{1 + r_{TE,TM}^{i,i+1} \; R_{TE,TM}^{i+1,i+2} \; e^{-j2k_{z,i+1}\left(d_{i+1}-d_i\right)}} \\ R_{TE,TM}^{N,N+1} = 0 \end{cases} \tag{A.18}$$

Le champ électrique s'écrit :

$$E_{iy}(z) = A_i \left[e^{jk_{zi}z} + R_{TE,TM}^{i,i+1} e^{-jk_{zi}\left(2d_i+z\right)} \right] \tag{A.19}$$

$$E_{Ny}(z) = A_N e^{jk_{zN}z} \tag{A.20}$$

avec :
$$\begin{cases} A_i e^{-jk_{zi}d_{i-1}} = A_1 e^{-jk_{z1}d_1} \cdot \prod_{n=1}^{i-1} e^{-jk_{zn}(d_n-d_{n-1})} \\ S_{n,n+1} = \dfrac{t_{TE,TM}^{n,n+1}}{1 - r_{TE,TM}^{n+1,n} \cdot R_{TE,TM}^{n+1,n+2} e^{-jk_{z,n+1}(d_{n+1}-d_n)}} \\ d_0 = d_1 \end{cases} \tag{A.21}$$

En particulier pour i = N, on a :

$$A_N e^{-jk_{zN}d_{N-1}} = A_1 e^{-jk_{z1}d_1} \cdot \prod_{n=1}^{N-1} e^{-jk_{zn}(d_n-d_{n-1})} \cdot S_{n,n+1} \tag{A.22}$$

Le coefficient de transmission généralisé est défini par [59] :

$$T_{TE}^{1,N} = \prod_{n=1}^{N-1} e^{-jk_{zn}(d_n-d_{n-1})} \cdot S_{n,n+1} \tag{A.23}$$

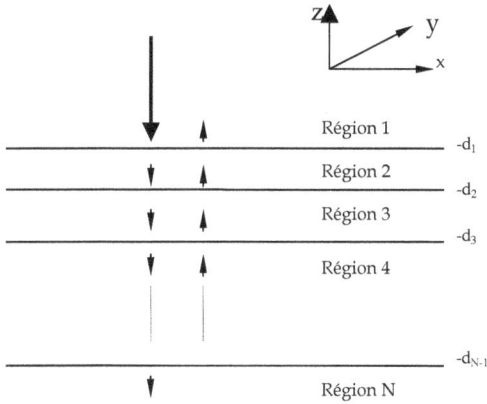

Figure A.3 : Réflexion et transmission dans un milieu stratifié

A.3 : APPLICATION À UNE SOURCE ÉLÉMENTAIRE PLACÉE AU-DESSUS D'UNE STRUCTURE SIMPLE-COUCHE

A.3-1 : Doublet électrique horizontal

On considère un doublet électrique horizontal situé au-dessus d'une structure simple-couche, au point de coordonnées (x', y', z'). Le point d'observation est aussi situé au-dessus de la structure au point de coordonnées (x, y, z), la figure (A.4).

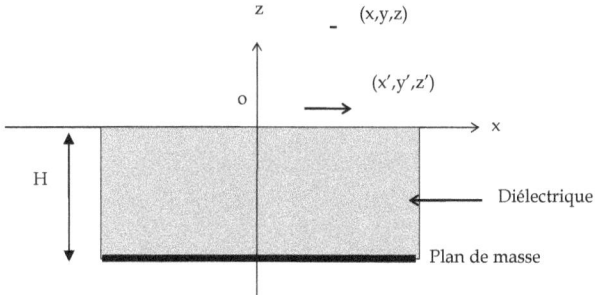

Figure A.4 : Doublet électrique horizontal au-dessus d'une structure micro-ruban

Les coefficients de transmission sont donnés par [59] :

$$\begin{cases} T_{TE}^{H} = e^{-jk_{z0}(z-z')} + R_{TE}e^{-jk_{z0}(z+z')} \\ T_{TM}^{H} = e^{-jk_{z0}(z-z')} - R_{TM}e^{-jk_{z0}(z+z')} \end{cases} \tag{A.24}$$

Le premier terme de ces deux équations représente l'onde incidente du plan de la source z = z' au plan d'observation z = z. Le second terme représente l'onde réfléchie où R_{TE} (ou R_{TM}) correspondent aux coefficients de réflexion généralisés dus au substrat microruban.

Au niveau de l'interface formée par le plan de masse, toute l'énergie de l'onde incidente est réfléchie. Ainsi, $R_{TE} = R_{TM} = 1$.

En remplaçant ces coefficients dans l'équation (A.18), on obtient les expressions des coefficients de réflexion généralisés suivantes :

$$R_{TE} = -\frac{r_{TE} + e^{-jk_{z1}2H}}{1 + r_{TE}e^{-jk_{z1}2H}} \tag{A.25}$$

$$R_{TM} = -\frac{r_{TM} - e^{-jk_{z1}2H}}{1 - r_{TM}e^{-jk_{z1}2H}} \tag{A.26}$$

En remplaçant les expressions des coefficients de transmission de l'équation (A.24) dans les équations (A.25) et (A.26), les fonctions de Green spectrales pour le potentiel vecteur et scalaire seront données par [7,9,10,11] :

$$\begin{cases} \tilde{G}_{A}(k_{\rho}) = \frac{1}{2jk_{z0}}\left[e^{-jk_{z0}(z-z')} + R_{TE}e^{-jk_{z0}(z+z')}\right] \\ \tilde{G}_{q}(k_{\rho}) = \frac{1}{2jk_{z0}}\left[e^{-jk_{z0}(z-z')} + \left(R_{TE} + R_{q}\right)e^{-jk_{z0}(z+z')}\right] \end{cases} \tag{A.27}$$

où R_q est obtenu par :

$$R_{q} = \frac{k_{z0}^{2}}{k_{\rho}^{2}}\left(R_{TE} + R_{TM}\right) \tag{A.28}$$

r_{TE} et r_{TM} sont les coefficients de réflexion des ondes TE et TM, respectivement. Leurs expressions sont données par :

$$\begin{cases} r_{TE} = \dfrac{k_{z1} - k_{z0}}{k_{z1} + k_{z0}} \\ r_{TM} = \dfrac{k_{z1} - \varepsilon_{r}k_{z0}}{k_{z1} + \varepsilon_{r}k_{z0}} \end{cases} \tag{A.29}$$

Les nombres d'ondes k_{z0} et k_{z1} sont définis par :

$$\begin{cases} k_{z0}^2 + k_\rho^2 = k_0^2 \\ k_{z1}^2 + k_\rho^2 = \varepsilon_r k_0^2 \end{cases} \tag{A.30}$$

A.3-2 : Doublet électrique vertical

On considère de même un doublet électrique vertical situé au-dessus d'une structure simple-couche, au point de coordonnées (x', y', z'). Le point d'observation est aussi situé au-dessus de la structure au point de coordonnées (x, y, z), la figure (A.5).

Le coefficient de transmission est donné par [59] :

$$T_{TM}^V = e^{-jk_{z0}(z-z')} + R_{TM}e^{-jk_{z0}(z+z')} \tag{A.31}$$

L'expression de R_{TM} est donnée par l'équation (A.26).

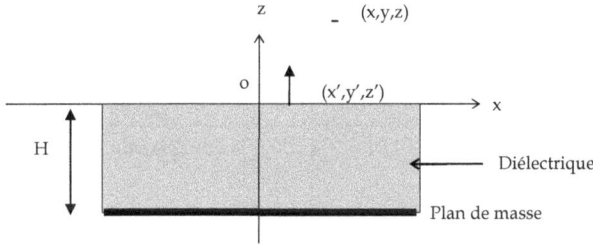

Figure A.5 : Doublet électrique vertical au-dessus d'une structure micro-ruban

En remplaçant les expressions des coefficients de transmission de l'équation (A.31) dans l'équation (A.25), les fonctions de Green spectrales pour le potentiel vecteur et scalaire seront données par [44, 59, 113] :

$$\begin{cases} \tilde{G}_A(k_\rho) = \dfrac{1}{2jk_{z0}}\left[e^{-jk_{z0}(z-z')} + R_{TM}e^{-jk_{z0}(z+z')}\right] \\ \tilde{G}_q(k_\rho) = \dfrac{1}{2jk_{z0}}\left[e^{-jk_{z0}(z-z')} - R_{TM}e^{-jk_{z0}(z+z')}\right] \end{cases} \tag{A.32}$$

Où r_{TM} est le coefficient de réflexion des ondes TM, précédemment défini dans l'équation (A.29).

Les nombres d'ondes k_{z0} et k_{z1} ont été définis dans l'équation (A.30).

A.4 : APPLICATION À UNE SOURCE ÉLÉMENTAIRE PLACÉE AU-DESSUS D'UN MILIEU STRATIFIÉ

A.4-1 : Doublet électrique horizontal

On considère un doublet électrique horizontal placé au-dessus d'un milieu stratifié tel que représenté par la figure A.5.

D'après l'équation (A.2), les ondes qui se propagent pour le cas d'un doublet électrique horizontal sont de type TM et TE.

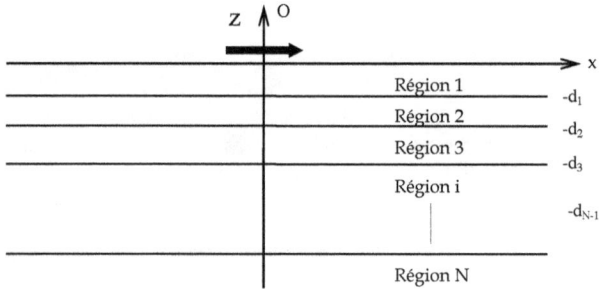

Figure A.5 : Doublet électrique horizontal au-dessus d'un milieu stratifié

Les coefficients de transmission sont donnés par :

Milieu 1 :
$$\begin{cases} T_{TM}^{H,1} = \pm e^{-jk_{z1}|z|} - R_{TM}^{12} e^{-jk_{z1}(2d_1+z)} \\ T_{TE}^{H,1} = e^{-jk_{z1}|z|} + R_{TE}^{12} e^{-jk_{z1}(2d_1+z)} \end{cases} \quad (A.33)$$

Milieu i :
$$\begin{cases} T_{TM}^{H,i} = \dfrac{\varepsilon_1}{\varepsilon_i} A_i \left[-e^{jk_{zi}z} - R_{TM}^{i,i+1} e^{-jk_{zi}(2d_i+z)} \right] \\ T_{TE}^{H,i} = A_i \left[e^{jk_{zi}z} + R_{TE}^{i,i+1} e^{-jk_{zi}(2d_i+z)} \right] \end{cases} \quad (A.34)$$

Le signe ($\pm$) de l'équation (A.34) est dû au fait que l'onde TM, contrairement à l'onde TE, présente une symétrie impaire autour de $z = 0$ ($+ : z > 0$; $- : z < 0$).

A.4 -2 : Doublet électrique vertical

On considère un doublet électrique vertical placé au-dessus d'un milieu stratifié tel que représenté par la figure A.6 suivante :

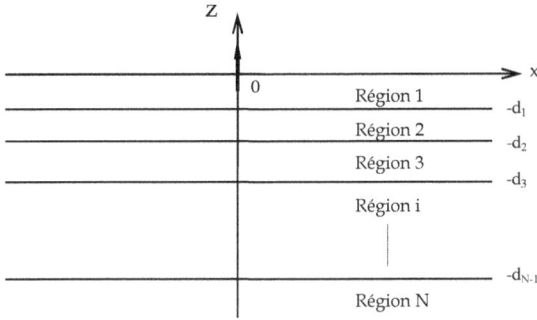

Figure A.6 : Doublet électrique vertical au-dessus d'un milieu stratifié

D'après l'équation (A.31), les ondes qui se propagent pour le cas d'un doublet électrique vertical sont de type TM.

Les coefficients de transmission sont donnés par :

Dans le milieu 1 :

$$T_{TM}^{V,1} = e^{-jk_{z1}|z|} + R_{TM}^{1,2} e^{-jk_{z1}(2d_1+z)} \tag{A.35}$$

Dans le milieu i :

$$T_{TM}^{V,i} = \frac{\varepsilon_1}{\varepsilon_i} A_i \left[e^{jk_{zi}z} + R_{TM}^{i,i+1} e^{-jk_{zi}(2d_i+z)} \right] \tag{A.36}$$

A.5 : APPLICATION À UNE SOURCE ÉLÉMENTAIRE PLONGÉE DANS UN MILIEU STRATIFIÉ

A.5-1 : Formulation du problème

On considère une source placée au point z' dans un milieu stratifié telle que représentée par la figure A.7 suivante.

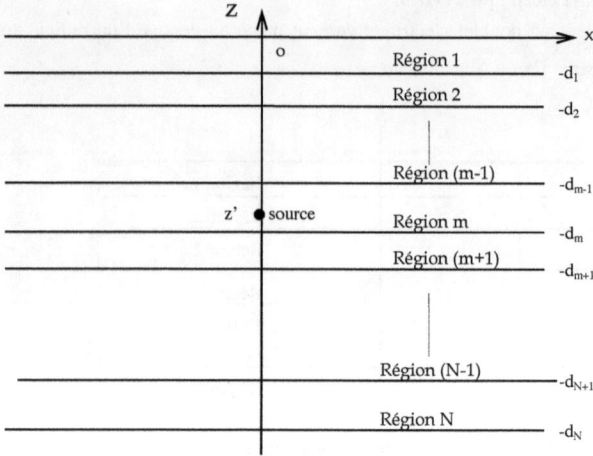

Figure A.7 : Source élémentaire plongée dans un milieu stratifié

On appelle F (z, z') l'onde dans la région où se situe le point d'observation. Cette onde sera calculée dans la région où se trouve la source, dans une région au-dessus de la région de la source et également dans une région au-dessous de la région de la source [113].

A.5-1-1 : Point d'observation dans le milieu où se trouve la source

Dans le milieu m, trois types d'ondes sont présents :
- Onde incidente
- Onde montante réfléchie par l'interface m / m+1
- Onde descendante réfléchie par l'interface m / m-1

D'où :

$$F(z,z') \;=\; e^{-jk_{zm}|z-z'|} + B_m e^{jk_{zm}z} + D_m e^{-jk_{zm}z} \tag{A.37}$$

Les coefficients B_m et D_m seront calculés de telle sorte que les conditions aux limites soient vérifiées en $z = - d_{m-1}$ et $z = - d_m$.

- **Condition à z = - d$_{m-1}$:**

$$B_m \, e^{-jk_{zm}d_{m-1}} \;=\; R_{m,m-1}\left[e^{-jk_{zm}|d_{m-1}+z'|} + D_m \, e^{jk_{zm}d_{m-1}} \right] \tag{A.38}$$

- **Condition à z = - d$_m$:**

$$D_m\, e^{jk_{zm}d_m} \;=\; R_{m,m+1}\left[e^{-jk_{zm}|d_m+z'|} + B_m\, e^{-jk_{zm}d_m} \right] \tag{A.39}$$

$R_{i,j}$ est le coefficient de réflexion généralisé du milieu i au milieu j.

Après la résolution du système formé par les équations (II.88) et (II.89), on obtient :

Pour z > z' :

$$F(z,z') = \left[e^{jk_{zm}z'} + e^{-jk_{zm}(2d_m+z')}R_{m,m+1} \right]\left[e^{-jk_{zm}z} + e^{jk_{zm}(2d_{m-1}+z)}R_{m,m-1} \right] M_m \tag{A.40}$$

Pour z < z' :

$$F(z,z') = \left[e^{-jk_{zm}z'} + e^{jk_{zm}(2d_{m-1}+z')}R_{m,m-1} \right]\left[e^{jk_{zm}z} + e^{-jk_{zm}(2d_m+z)}R_{m,m+1} \right] M_m \tag{A.41}$$

Avec :

$$M_n \;=\; \frac{1}{1 - R_{m,m-1}\, R_{m,m+1}\, e^{-2jk_{zm}(d_m-d_{m-1})}} \tag{A.42}$$

A.5-1-2 : Point d'observation dans un milieu au-dessus de celui de la source

Le point d'observation est pris dans ce cas au-dessus de la source, dans le milieu n, tel que n < m. Dans le milieu n, deux types d'ondes sont présents :

- Onde montante transmise par l'interface n / n+1
- Onde descendante réfléchie par l'interface n / n-1

L'onde dans le milieu n est donnée par :

$$A_n^+\left[e^{-jk_{zn}z} + R_{n,n-1}e^{jk_{zn}(2d_{n-1}+z)} \right] \tag{A.43}$$

Où, A_n^+ est l'amplitude de l'onde dans le milieu n.

L'amplitude de l'onde montante dans la région m, en z = - d_{m-1} est notée A_m^+. Elle est déduite de l'équation (A.40), pour obtenir :

$$A_m^+ = \left[e^{jk_{zm}z'} + e^{-jk_{zm}(2d_m+z')}R_{m,m+1} \right] e^{jk_{zm}d_{m-1}}\, M_m \tag{A.44}$$

Les amplitudes A_n^+ et A_m^+ sont reliées entre elles par le coefficient de transmission généralisé T_{mn}.

En exploitant le fait que l'onde montante dans la région n, en z = - d_n est la somme de la partie transmise de l'onde montante de la région m, à z = - d_{m-1} et de la partie réfléchie de l'onde descendante dans la région n, on obtient la relation suivante :

$$A_n^+ e^{jk_{zn}d_n} = T_{mn} A_m^+ e^{jk_{zm}d_{m-1}} + A_n^+ R_{n,n+1} R_{n,n-1} e^{jk_{zn}(2d_{n-1}-d_n)}$$ (A.45)

L'expression de T_{mn} a été donnée précédemment par l'équation (A.233).

A partir des équations (A.44) et (A.45), l'expression de A_n^+ sera donnée par la relation suivante :

$$A_n^+ = e^{-jk_{zn}d_n} T_{mn} e^{jk_{zm}d_{m-1}} \left[e^{jk_{zm}z'} + e^{-jk_{zm}(2d_m+z')} R_{m,m+1} \right]$$ (A.46)

Ainsi, l'onde dans la région n < m sera donnée par l'équation (A.47) suivante :

$$F(z,z') = \left[e^{-jk_{zn}z} + e^{jk_{zn}(2d_{n-1}+z)} R_{n,n-1} \right] \left[e^{jk_{zm}z'} + e^{-jk_{zm}(z'+2d_m)} R_{m,m+1} \right] M_m M_n e^{-jk_{zn}d_n} T_{mn} e^{jk_{zm}d_{m-1}}$$

A.5-1-3 : *Point d'observation dans un milieu au-dessous de celui de la source*

Le point d'observation est pris dans ce cas au-dessous de la source, dans le milieu n, tel que n > m.

L'onde dans le milieu n est donnée par :

$$A_n^- \left[e^{jk_{zn}z} + R_{n,n+1} e^{-jk_{zn}(2d_n+z)} \right]$$ (A.48)

Où, A_n^- est l'amplitude de l'onde dans le milieu n.

En procédant de façon analogue que le précédent paragraphe [8], l'expression de A_n^- sera donnée par :

$$A_n^- = e^{jk_{zn}d_{n-1}} T_{mn} e^{-jk_{zm}d_m} \left[e^{-jk_{zm}z'} + e^{jk_{zm}(2d_{m-1}+z')} R_{m,m-1} \right] M_m M_n$$ (A.49)

Ainsi, l'onde dans la région n > m sera donnée par l'équation (A.50) suivante :

$$F(z,z') = \left[e^{jk_{zn}} + e^{-jk_{zn}(2d_n+z)} R_{n,n+1} \right] e^{jk_{zn}d_{n-1}} T_{mn} e^{jk_{zm}d_m} \left[e^{-jk_{zm}z'} + e^{jk_{zm}(z'+2d_{m-1})} R_{m,m-1} \right] M_n M_m$$

A.5-2 : Doublet électrique horizontal

Pour un doublet électrique horizontal, en se référant à l'équation (A.2), deux types d'ondes existent :

- **Onde Transverse Electrique :**

Pour une onde de type TE, l'onde incidente est de la forme :

$$F(z,z') = e^{-jk_z|z-z'|}$$ (A.51)

Le coefficient de transmission T_{TE}^H est déduit des expressions de F(z,z') données par les équations (A.40), (A.41), (A.47) et (A.50).

- **Onde Transverse Magnétique :**

L'onde TM incidente présente une symétrie impaire autour de z = z' [5] , d'où :

$$F(z,z') = \pm\, e^{-jk_z|z-z'|} \tag{A.52}$$

D'où les nouvelles expressions des ondes dans les différentes régions :

Milieu m = n :

$$F(z,z') \;=\; \pm\, e^{-jk_{zn}|z-z'|} + B_m e^{jk_{zm}z} + D_m e^{-jk_{zm}z} \tag{A.53}$$

Milieu n < m :

$$F(z,z') = A_n^+\left[e^{-jk_{zn}z} + R_{n,n-1}e^{jk_{zn}(2d_{n-1}+z)}\right] \tag{A.54}$$

Milieu n > m :

$$F(z,z') = A_n^-\left[- e^{jk_{zn}z} - R_{n,n+1}e^{-jk_{zn}(2d_n+z)}\right] \tag{A.55}$$

En tenant compte du coefficient $\dfrac{\varepsilon_m}{\varepsilon_n}$, on déduit le coefficient T_{TM}^H pour les trois cas de figure précédents.

A.5-3 : Doublet électrique vertical

Pour un doublet électrique vertical, en se référant à l'équation (II.9), une onde de type TM se propage. Dans ce cas, l'onde incidente est de la forme :

$$F(z,z') = e^{-jk_z|z-z'|} \tag{A.56}$$

Le coefficient de transmission T_{TM}^V est déduit selon la région des expressions de F(z,z') données par les équations (A.40), (A.41), (A.47) et (A.50), à $\dfrac{\varepsilon_m}{\varepsilon_n}$ près.

A.6 : CONCLUSION

La première étape de ce chapitre a consisté à déterminer les expressions des potentiels vecteur et scalaire pour un doublet de Hertz unitaire d'abord pour un milieu homogène, puis pour un milieu stratifié. Ces potentiels sont exprimés en fonction des coefficients de transmission généralisés, à savoir : T_{TM}^{V}, T_{TM}^{H} et T_{TE}^{H} .

Or, les fonctions de Green dans le domaine spectral s'expriment en fonction des potentiels vecteur et scalaire.

Ainsi, pour déterminer les expressions des fonctions de Green dans le domaine spectral, il faut d'abord calculer les coefficients de transmission généralisés, déduire les expressions des potentiels vecteur et scalaire et finalement déduire les fonctions de Green dans le domaine spectral.

Ces différents coefficients de transmission généralisés sont exprimés en fonction des coefficients de réflexion généralisés pour deux différents types de structures : une structure simple-couche et une structure stratifiée. Dans cette dernière structure, la source peut être soit au-dessus de la structure, soit plongée dans la structure.

Les sources considérées sont soit un doublet électrique vertical (DEV), soit un doublet électrique horizontal (DEH).

Les fonctions de Green étant exprimées dans le domaine spectral pour différents types de structures et de sources, l'annexe 2 aura pour objectif de présenter une méthode qui permette d'aboutir analytiquement aux fonctions de Green dans le domaine spatial.

ANNEXE B

METHODE GPOF

B-1 : INTRODUCTION

Le but de cet annexe est d'étudier une méthode d'approximation nommée « Matrix Pencil » ou GPOF (Generalised Pencil Of Function) [112,113, 114].

Cette méthode permet d'obtenir des approximations satisfaisantes des fonctions de Green dans le domaine spectral, pour une large bande de fréquences, sans extraction préalable des singularités et aussi en utilisant un nombre de fonctions exponentielles acceptable.

B-2 : PRINCIPE DE LA MÉTHODE GPOF

La méthode GPOF (Generalised Pencil Of Function) consiste à résoudre un problème de valeurs propres régulières pour obtenir les valeurs propres généralisées désirées.

Cette méthode peut être présentée comme suit [17, 78] :

On définit le signal x(t) par :
$$x(t) = \sum_{i=1}^{M} A_i \exp(B_i t) \tag{B.1}$$

Où :

A_i et B_i sont les coefficients complexes à déterminer.

M est le nombre de fonctions exponentielles.

t est la variable temporelle.

Après échantillonnage, la variable temporelle t est remplacée par kTs, où Ts est la période d'échantillonnage. Ainsi, l'équation (B.1) devient :

$$x(k\,T_s) = \sum_{i=1}^{M} A_i\, z_i^{k} \qquad \text{, pour } k = 0,...,N\text{-}1 \tag{B.2}$$

Où :

$$z_i = e^{B_i T_s} \qquad \text{, pour } i = 1,2,...,M$$

N est le nombre d'échantillons utilisés pour approximer le signal x. Si on pose xk = x (kTs), alors la matrice « Matrix Pencil » est formée par (X+ - z X-) telle que :

$$X_- = \begin{bmatrix} x_0 & x_1 & . & . & x_{L-1} \\ x_1 & x_2 & . & . & x_L \\ . & & . & . & . \\ . & & . & . & . \\ x_{N-L-1} & x_{N-L} & . & . & x_{N-2} \end{bmatrix} \quad \text{et} \quad X_+ = \begin{bmatrix} x_1 & x_2 & . & . & x_L \\ x_2 & x_3 & . & . & x_{L+1} \\ . & & . & . & . \\ x_{N-L} & x_{N-L+1} & . & . & x_{N-1} \end{bmatrix} \quad (B.3)$$

Où : L est le « Pencil » paramètre, avec : $M \le L \le N - M$

La matrice « Matrix Pencil » est dite résolue si on réussit à trouver les vecteurs pi, qi et les scalaires zi, tels que :

$$\begin{cases} (X_+ - z_i X_-)\, q_i & = & 0 \\ p_i^H\, (X_+ - z_i X_-) & = & 0 \end{cases}$$

$$(B.4)$$

Où :

   pi est appelé vecteur propre généralisé gauche.

   qi est appelé vecteur propre généralisé droit.

   zi est la valeur propre généralisée correspondante que l'on désire déterminer.

   D'après [17], déterminer les valeurs propres généralisées de la « Matrix Pencil » revient à résoudre le système des valeurs propres régulières suivant :

$$\left| X_-^t X_+ - z I \right| = 0$$

   En d'autres termes, les valeurs propres de $X_-^t X_+$ sont les mêmes que les valeurs propres généralisées solutions du système (III.41).

   Ayant déterminé les valeurs de z, les coefficients complexes Bi peuvent être déduits à partir de l'équation (III.39).

   Les coefficients complexes Ai seront déterminés en résolvant par la méthode des moindres carrés le système suivant :

$$\begin{bmatrix} x_0 \\ x_1 \\ . \\ x_{(N-1)} \end{bmatrix} = \begin{bmatrix} 1 & 1 & . & 1 \\ z_1 & z_2 & . & z_M \\ . & . & . & . \\ z_1^{N-1} & z_2^{N-1} & . & z_M^{N-1} \end{bmatrix} \begin{bmatrix} A_1 \\ A_2 \\ . \\ A_M \end{bmatrix}$$

$$(B.5)$$

B-4 : APPROXIMATION PAR GPOF SANS EXTRACTION DES SINGULARITÉS

1.1 Pour f = 30 GHz

L'application de la méthode Matrix Pencil sans extraction des singularités pour approximer les fonctions de Green à la fréquence de 30 GHz permet d'obtenir de bons résultats (Figures B.1 et B.2).

Module (R_{TE})

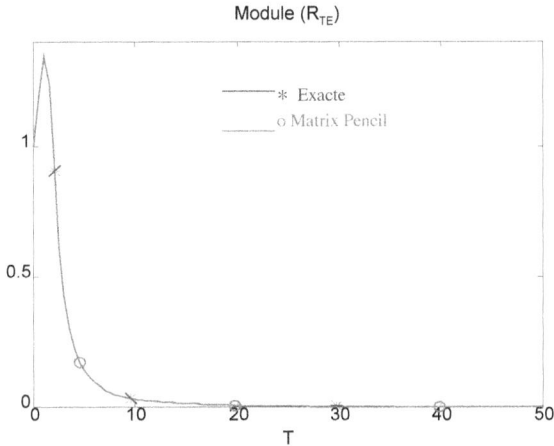

Figure B.1 : Module de R_{TE} et son approximation

Module ($R_{TE}+R_q$)

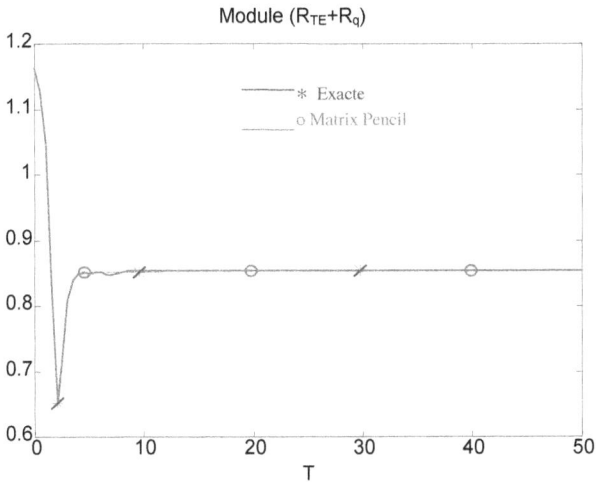

Figure B.2 : Module de (RTE + Rq) et son approximation

Les paramètres d'approximation ont été pris comme suit : T0=50, N1=3 et N2=4.

1.2 Pour f = 70 GHz

De même, l'examen des figures (B.3) et (B.4) permet de conclure à une bonne approximation des fonctions de Green dans le domaine spectral à la fréquence de f = 70 GHz, en prenant comme paramètres d'approximation : T0 = 20, N1 = N2 = 4

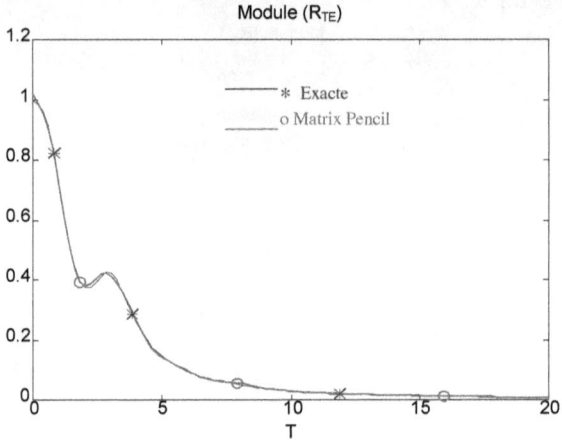

Figure B.3 : Module de R_{TE} et son approximation

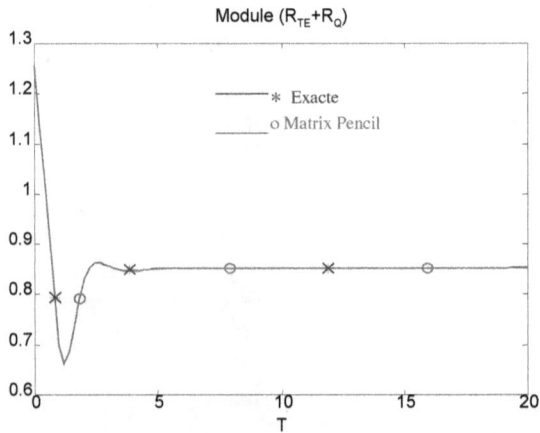

Figure B.4 : Module de $(R_{TE} + R_q)$ et son approximation

BIBLIOGRAPHIE

[1] VANDER VORST ET D. VANHOENACKER-JANVIER, *"Bases de l'ingénierie micro-ondes"*. Ed De BOEK Université, Bruxelles, 1996.

[2] P.F.COMBES, J.GRAFFEUIL, J.F.SAUTEREAU, *Composants, dispositifs et circuits actifs en micro-ondes*. Ed Dunod Université, 1985.

[3] F. GARDIOL, *Traité d'Electricité - Volume XIII - Hyperfréquences*. Presses Polytechniques et Universitaires Romandes, 1990.

[4] P.BHARTIA, K.V.S.RAO, R.S.TOMAR, *Millimeter wave microstrip and circuit antennas*. Ed Artech House Boston-London, 1991.

[5] A. SAMET, *Contribution à l'analyse des différents modes de propagation dans les lignes micro-ruban*. Thèse ENIT, 1993.

[6] A. LATIRI, *Analyse dynamique des discontinuités dans les circuits imprimés par la technique des images complexes*. Rapport de PFE, Ecole Supérieure des Communications de Tunis, Juin 1997.

[7] R. BOUALLEGUE , *Contribution à l'étude des structures planaires micro-ondes par une nouvelle formulation de la méthode des moindres carrées avec changement de base*. Thèse ENIT, 1994.

[8] A. HAFIANE, *Etude du couplage d'antennes imprimées par la méthode des différences finies et extraction du modèle électrique*. Thèse Université de Marne La Vallée, Mars 2003.

[9] Y. FALEH, *Caractérisation d'une antenne double bande par des techniques basées sur la méthode des moments*. Mastère, ENIT Mai 2004.

[10] BALANIS, *Antenna Theory*, Edition Wiley, 1982.

[11] A. SAMET, *Propagation et Micro-ondes*. Support de cours à l'INSAT, Novembre 1999.

[12] D. PASQUET, *Propagation guidée*. Support de cours de l'Ecole Nationale Supérieure de l'Electronique et de ses Applications, ENSEA Cergy-France, Novembre 1997.

[13] D. PASQUET, *Les micro-ondes : du besoin au circuit*. Support de cours de l'Ecole Polytechnique de Tunisie, Janvier 1999.

[14] M. Ney, *"Bases de l'électromagnétisme,"* *Technique de l'ingénieur*, Traité électronique, E 1020, 2004.

[15] M. Ney, *"Simulation électromagnétique : Outils de Conception,"* *Technique de l'ingénieur*, Traité électronique, E 1030, 2004.

[16] E.C. JORDAN and K.G . BALMAIN, *"Electromagnetic Waves and Radiation Systems"*. New York: Prentice Hall, 1968.

[17] R.M. SHUBAIR, *"Efficient Analysis of vertical and horizontal electric dipoles in multilayered dielectric media"*. Thèse Université de Waterloo 1993.

[18] MORSE P.M., FESHBACH H., *"Methods of theoretical physics"*, McGraw Hill 1953.

[19] DUFFY D.G., *"Green's Functions with Applications"*, Chapman& Hall/CRC, 2001.

[20] E. CONIL, *"Propagation électromagnétique en milieu complexe du champ proche au champ lointain"*, Thèse Institut National Polytechnique de Grenoble, Novembre 2005.

[21] JONES D.S., *"Acoustic and electromagnetic waves"*. Clareton Press, Oxford, 1986.

[22] M.I. AKSUN, R. MITTRA, *Derivation of closed form Green's functions for a general microstrip Geometry*. IEEE Transactions on Microwave Theory and Techniques, Vol 40, N^O11, November 1992.

[23] A. LATIRI, *Techniques de calcul des fonctions de Green pour les structures planaires stratifiées*. DEA, ENIT , 1998.

[24] A. SAMET, A. KOUKI, F. GHANNOUCHI, *Formulation combinée spatiale-spectrale de la méthode des moments pour l'étude des structures planaires en très hautes fréquences*. Rapport technique, Ecole polytechnique de Montréal Août 1995.

[25] A. Latiri, *Optimisation de la méthode des moments pour l'analyse électromagnétique des structures planaires micro-ruban*. Thèse, Laboratoire L.S.Télécoms, ENIT, 2003.

[26] A. Samet, A. Bouallegue, *"Fast and rigorous calculation method for MoM matrix elements in planar microstrip structure,"* Electronics Letters, Vol 36, N°9, April 2000.

[27] A. Samet, A. Bouallegue, *"Analysis of microstrip filters using efficient MoM approach,"* Electronics Letters, Vol 36, N°15, July 2000.

[28] M. Gharbi, M. B. Ben Salah, A. Latiri, A. Samet and A. Bouallègue, *"Microstrip Analysis Using an Efficient and Accurate MoM Formulation,"* MMS'2004, Marseille France, Juin 2004.

[29] M. B. Ben Salah, *Contribution à la Caractérisation 2D des Structures planaires par des techniques basées sur la Méthode des Moments*, Rapport de Mémoire de Master, Unité de recherche Composants et Systèmes Electronique, ENIT, Juin 2004.

[30] Ezzeldin A. Soliman, *Planar Microwave Structures in Layered Media: Full-wave analysis, Design, and Characterization*, Thèse de doctorat, University of Leuven, Leuven, Belgium, Septembre 2005.

[31] Fatma Çalışkan, *Electrmagnetic Analysis of planar Layared structure, these de doctorat, School of Electrical and Computer Engineering*, Georgia Institute of Technology, May2004.

[32] J. R. Mosig, *"Arbitrarily Shaped Microstrip Structures and Their Analysis with a Mixed Potential Integral Equation," IEEE Trans. on Microwave Theory Tech.*, vol. MTT-36, pp. 314–323, Feb. 1988.

[33] David C. Chang and Jian X. Zheng, *"Electromagnetic Modeling of Passive Circuit Elements in MMIC," IEEE Trans. on Microwave Theory Tech.*, vol. 40, pp. 1741–1747, Sept. 1992.

[34] I. Park, R. Mittra, and M. I. Aksun, *"Numerically Efficient Analysis of Planar Microstrip Configurations Using Closed-Form Green's Functions," IEEE Trans. on Microwave Theory Tech.*, vol. 43, pp. 394–400, Feb. 1995.

[35] K. Naishadham and T. W. Nuteson, *"Efficient Analysis of Passive Microstrip Elements in MMICs," Int. J. MIMICAE*, vol. 4, pp. 219–229, July 1994.

[36] N. Kinayman and M. I. Aksun, *EMPLAN: Electromagnetic Analysis of Printed Structures in Planarly Layered Media*, Norwood, MA: Artech House, 2000.

[37] N. Kinayman and M. I. Aksun, *"Efficient and Accurate EM Simulation Technique for Analysis and Design of MMICs," Int J. MIMICAE*, vol. 7, pp. 344–357, Sept. 1997.

[38] N. Kinayman and M. I. Aksun, *"Efficient Use of Closed-Form Green's Functions for the Analysis of Planar Geometries with Vertical Connections," IEEE Trans. on Microwave Theory Tech.*, vol. 45, pp. 593–603, May 1997.

[39] N. Kinayman and M. I. Aksun, *"Efficient Evaluation of Spatial-Domain MoM Matrix Entries," IEEE Trans. on Microwave Theory Tech.*, vol. 48, pp. 309–312, Feb. 2000.

[40] M. I. Aksun and R. Mittra, *"Spurious Radiation from Microstrip Interconnects," IEEE Trans. Electromagnetic Compat.*, vol. EMC-35, pp. 148–158, May 1993.

[41] L. Alatan, M. I. Aksun, K. Mahadevan, M. T. Birand, *"Analytical Evaluation of the MoM Matrix Elements," IEEE Trans. On Microwave Theory Tech.*, vol. 44, pp. 519–525, Apr. 1996.

[42] G. Dural and M. I. Aksun, *"Closed-Form Green's Functions for General Sources and Stratified Media," IEEE Trans. on Microwave Theory Tech.*, vol. 43, pp. 1545–1552, July 1995.

[43] P. Gay Balmaz, *"Structures 3-D planaires en milieu stratifiés : fonctions de Green et application à des antennes incluant des parois verticales,"* thèse, école polytechnique fédérale de Lausanne, 1996.

[44] R. BOUALLEGUE, *"Contribution à l'étude des structures planaires micro-ondes par une nouvelle formulation de la méthode des moindres carrées avec changement de base,"*. Thèse, ENIT 1994.

[45] R.KIPP, C.H. CHAN, A.T.YANG and J.T.YAO, *Simulation of High-Frequency Integrated Circuit Incorpoarting Full-wave Analysis of Microstrip Discontinuities*. IEEE Transactions on Microwave Theory and Techniques, Vol 41, N°5, May 1993.

[46] Anna Triantafyllou, "Etude, réalisation et caractérisation d'interconnexions radiofréquences pour les circuits intégrés silicium des générations à venir". Thèse université Joseph Fourier, Grenoble 2006.

[47] P.B. JOHNS, A symmetrical condensed node for the TLM method. *IEEE Transactions on Microwave Theory and Techniques*, Vol 35 April 1987.

[48] Cédrick SABOUREAU, *Analyses électromagnétiques et méthodologies de conception associées, dédiées à l'optimisation de composants et modules millimétriques*. Thèse, Faculté des Sciences et Techniques de Limoges, Septembre 2004.

[49] N.R.S. SIMONS, A. SEBAK, "A fourth-order in space and second order in time TLM model", *IEEE Transactions on Microwave Theory and Techniques*, Vol 43, N°2, 1995.

[50] P.B. JOHNS, "A symmetrical condensed node for the TLM method", *IEEE Transactions on Microwave Theory and Techniques*, Vol 35 April 1987.

[51] P. W.HAWKES, *"Advances in Electronics and Electron Physics"*, Laboratoire d'Optique Electronique du Centre National de la Recherche Scientifique Toulouse, France.- Volume 59 – 1982.

[52] R.F. HARRINGTON, *"Matrix Methods for Field Problems"*, Proc. IEEE, Vol. 55, No. 2, pp. 136-149, Feb. 1967.

[53] A. TAFLOVE, "Computational *Electrodynamics: The Finite-Difference Time-Domain Method*", MA, Artech House, Boston, 1995.

[54] M. BONNET, *"Equations intégrales et éléments de frontières : applications en mécaniques des solides et des fluides"*, Eyrolles, CNRS Editions, 1995.

[55] T. AGUILI, *"Modélisation des composantes SHF planaires par la méthode des circuits généralisée"*. Thèse d'Etat, ENIT 2000.

[56] R.F. HARRINGTON, *"Field computation by moments methods"*, IEEE press, New York, MacMillan, 1983.

[57] ZELAND SOFTWARE, Inc., *IE3D User's Manual Release 6*, 1999.

[58] G.J. BURKE, A.J. POGIO, *"Numerical Electromagnetic Code (NEC) -method of moments: A user oriented computer code for analysis of the electromagnetic response of antennas and other metal structures"*, NASA STI/Recon Technical Report, 1981.

[59] F. GARDIOL, *"Traité d'Electricité - Volume III - Electromagnétisme"*, Presses Polytechniques et Universitaires Romandes - 1996.

[60] T. H. HUBBING, "Survey of numerical electromagnetic modeling techniques", Rapport technique N°TR91-1-001.3, Département de Génie Electrique, Université de MISSOURI ROLLA, Septembre 1991.

[61] M.I. AKSUN, R. MITTRA,"Choices of expansion and testing functions for the method of moments applied to a class of electromagnetic problems", *IEEE Transactions on Microwave Theory and Techniques*, Vol 41, N°3, March 1993.

[62] I. STEVANOVIC, "Modelling Challenges in Computational Electromagnetics: Large Planar Multilayered Structures and Finite-Thikness Irises", Thèse EPFL, Lausanne 2005.

[63] S.M. RAO, D. R. WILTON and A. W. GLISSON, "Electromagnetic Scattering by Surfaces of Arbitrary Shape". IEEE Trans. Antennas Propagat., Vol. AP-30, pp. 409-418, May 1982.

[64] R. MITTRA AND T. ITOH, "Analytical and numerical studies of the relative convergence phenomenon using in the solution of an integral equation by moment method", *IEEE Trans. on Microwave Theory and Tech.*, vol. MTT-20, n° 2, pp. 96-104, February 1972.

[65] N. GHANNAY, "Nouvelle formulation de la méthode AS-MoM basée sur un maillage non uniforme". Mastère, ENIT, 2005.

[66] R. HARRINGTON, "Time-Harmonic Electromagnetic Fields". *IEEE Press Series on Electromagnetic Wave Theory*, 1961.

[67] J. S. Savage and A. F. Peterson, "Quadrature Rules for Numerical Integration over Triangles and Tetrahedra" *IEEE Antennas and Propagation Magazine*, Vol 38, No. 3, June 1996, pp. 100-102.

[68] Y. Kamen and L. Shirman, "Triangle Rendering Using Adaptative Subdivision", *IEEE Computer Graphics and Applications*, March/April 1998, pp. 95-103.

[69] S.N. Makarov, *"Antenna and Electromagnetic Modeling with MATLAB® "*. New York: John Wiley and Sons Inc, 2002.

[70] C. A. BALANIS, "Antenna Theory", Edition Wiley 1982.

[71] Mohamed Mahdi Tajdini and Amir Ahmed Shishegar, "A novel analysis of microstrip structures using the Gaussian green's function method," *IEEE Trans. Antennas and Propagation*, Vol. AP-58, Jan 2010, pp.88-94.

[72] F. Yang, X.-X. Zhang, X. Ye, and Y. Rahmat-Samii, "Wide-band E-shaped patch antennas for wireless communications," *IEEE Trans. Antennas Propagati*on, vol. AP-49, July 2001, pp. 1094–1100.

[73] C.A. Balanis, *"Antenna Theory Analysis and Design"*. New York: John Wiley and Sons Inc, 1997.

[74] Y. Chen, S. Yang, S. He and Z. Nie, "Efficient analysis of wireless communication antennas using an accurate [Z] matrix interpolation technique", *International Journal of RF and Microwave Computer-Aided Engineering*, Vol. 20, No. 4, July 2010, pp. 382–390.

[75] M.I. AKSUN, "A robust approch for the derivation of closed form Green's functions", *IEEE Transactions on Microwave Theory and Techniques*, Vol 44, N^O5, May 1996.

[76] W. C. CHEW, "Waves and fields in inhomogeneous media", University of Illinois, Urbana-Champaign, 1990.

[77] Y. L. Chow, J. J. Yang, D. G. Fang, and G. E. Howard, "Closed form spatial Green's function for the thick substrate," *IEEE Trans. Microwave Theory Tech.*, Vol. 39, Mars 1991, pp. 588-592.

[78] Y. Hua and T.K. Sarkar, "Generalized pencil-of-function method for extracting poles of an em system from its transient response", *IEEE Trans. Antennas and Propagation*, Vol. 37, No. 2, Feb 1989, pp. 229-234.

[79] Per-Olof Persson, Gilbert Strang, "a simple mesh generator with Matlab", *SIAM review*, Vol 46, N° 2, June 2004, pp. 329-345.

[80] B. K. Ang and B. K. Chung, "Wide-band E-shaped Microstrip Patch Antenna for 5-6 GHz wireless communications", *Progress In Electromagnetics Research*, *PIER 75*, 2007, pp. 397–407.

[81] P. Raumonen, L. Sydanheimo, L. Ukkonen, M. Keskilammi, M. Kivikoski, "Folded dipole near metal plate", *IEEE Antennas and Propagation Society International Symposium*, June 2003, pp. 848-851.

[82] N. Ghannay and A. Samet, "E-Shaped Patch Antenna design with MoM and RWG basis functions," *IEEE International Conference on Electronics, Circuits and Systems Proceedings*, December 2009, pp. 199-202.

[83] N. Ghannay, M.B Ben Salah, F. Romdhani and A. Samet, "Effects of metal Plate to RFID Tag Antenna," *IEEE MMS 2009*, November 2009, pp. 1-3.

[84] N. Ghannay and A. Samet, "Analysis of RFID Antenna Using an Efficient Impedance Matrix Technique Computation," *IEEE MMS 2011*, September 2011.

[85] K. Finkenzeller, "RFID Handbook", 2nd edition, England : John Wiley and Sons Inc, 2002.

[86] N. Ghannay, M. Denden, F. Romdhani and A. Samet, "A Novel Technique for Calculating Moment Method Impedance Matrix", *IEEE MMS 2008 Symposium*, Damascus, Syria, October 2008, pp.77-80.

[87] J. Schaeffer, "MoM3D Method of Moments code Theory Manuel", NASA Technical report, March 1994.

[88] G. Kumar and K.P. Ray, "Broadband Microstrip antennas", Artech house, 2002.

[89] Ning Yuan, Tat Soon Yeo, Xiao-Chun Nie, and Le Wei Li "A Fast Analysis of Scattering and Radiation of Large Microstrip Antenna Arrays", *IEEE Trans. Antennas and Propagation,* Vol.51, No. 9, Sep 2003, pp. 2218-2226.

[90] Mengtao Yuan and T.K. Sarkar, "Computation of the sommerfeld integral tails using the matrix pencil method," *IEEE Trans. Antennas and Propagation,* Vol.54, No. 4, April 2006, pp. 1358–1362.

[91] A. Assadi-Haghi, "Contribution au développement de méthodes d'optimisation structurelle pour la conception assistée par ordinateur de composants et de circuits hyperfréquences", Thèse université de Limoges, Limoges 2007.

[92] Soon Jae Kwon, "Numerically Efficient Techniques for the analysis of MMIC structures", PhD thesis Pennsylvania State University, December 2004.

[93] R. Kipp and C.H. Chan, "Triangular-Domain Basis Functions for Full-Wave Analysis of Microstrip Discontinuities" *IEEE Trans. Microwave Theory Tech.,* Vol MTT-41, June/July 1993, pp. 1187-1194.

[94] L. Alatan, M. I. Aksun, and T. Birand, "Improving the numerical efficiency of the method of moments for printed geometries," *IEEE AP-S Int. Symp. Dig.,* Seattle, WA, June 1994, pp. 1698-1701.

[95] R. A. Pucel, *Monolitic Microwave Integrated Circuits,* IEEE press, USA, 1985.

[96] David M. Pozar, *Microwave Engineering,* New York: John Wiley and Sons, 1998.

[97] N. Kinayman and M. I. Aksun, *Modern Microwave Circuits,* Norwood, MA: Artech House, 2005.

[98] Roland Schinzinger and Patricio A. A. Laura, Conformal Mapping: Methods and Applications, New York: Elsevier, 1991.

[99] P. Silvester and P. Benedek, "Equivalent Capacitance of Microstrip Open Circuits," IEEE Trans. on Microwave Theory Tech., vol. 20, pp. 511–516, Aug. 1972.

[100] P. Silvester and P. Benedek, "Equivalent Capacitance of Microstrip Gaps and Steps," *IEEE Trans. on Microwave Theory Tech.,* vol. 20, pp. 729–733, Nov. 1972.

[101] P. Silvester and P. Benedek, "Equivalent Discontinuities Capacitances for Right-Angle Bends, T-Junctions and Crossings," *IEEE Trans. on Microwave Theory Tech.,* vol. 21, pp. 341–346, May 1973.

[102] K. Kunz and R. Luebber, The Finite Difference Time Domain Method for Electromagnetics, Boca Raton, FL: CRC Press, 1993.

[103] Allen Taflove and Susan C. Hagness, Computational Electrodynamics: The Finite-Difference Time-Domain Method, 2nd ed., Norwood, MA: Artech House, 2000.

[104] J. Jin, The Finite Element Method in Electromagnetics, New York: John Wiley and Sons, 1993.

[105] T. Itoh, Numerical Techniques for Microwave and Millimeter-Wave Passive Structures, New York: John Wiley and Sons, 1989.

[106] David B. Davidson, Computational Electromagnetics for RF and Microwave Engineering, New York: Cambridge University Press, 2005.

[107] K. A. Michalsky and D. Zheng, "Rigorous analysis of open microstrip lines of arbitrary cross section in bound and leaky regimes," *IEEE Trans. Microwave Theory Tech.*, vol.37, pp. 2005–2010, Dec. 1989.

[108] D. G. Fang, J. J. Yang, and G. Y. Delisle, "Discrete image theory for horizontal electric dipoles in a multilayered medium," *Proc. Inst. Elect. Eng.*, pt. H, vol. 135, pp. 297–303, Oct. 1988.

[109] K. F. A. Hussein, "Fast Computational Algorithm for EFIE Applied to Arbitrarily-Shaped Conducting Surfaces", *Progress In Electromagnetics Research*, PIER 68, 339-357, 2007.

[110] N. Ghannay and A. Samet, "Efficient Computational Technique for Moment Matrix Applied to the Analysis of Arbitrarily Microstrip Structures", article accepté par *l'Applied Computational Electromagnetics Society* Journal.

[111] Tekoing Lim, "Formulation intégrale surfacique des équations de Maxwell pour la simulation de contrôles non destructifs par courants de Foucault. Étude préliminaire à la mise en œuvre de la méthode multipôle rapide". Thèse Ecole polytechnique, Paris, avril 2011.

[112] A. GHARSALLAH, "Application de la méthode de la fonction de Green spectrale à l'étude d'une antenne plaque rectangulaire, ". DEA ENIT 1991.

[113] A. LATIRI, A. SAMET, A. BOUALLEGUE, Techniques de calcul des fonctions de Green spectrales pour les structures planaires stratifiées. OHD'99 - 1-2 et 3 Septembre 1999 Besançon – France.

[114] A. KOUKI, "Application of the spectral domain technique to discontinuity and spurious radiation problems in microwave circuits". Thèse Urbana, Illinois 1991.

[115] S. Makarov, "MoM Antenna Simulations with Matlab: RWG Basis functions", *Antennas and Propagation Magazine*, Vol 43, No. 5, October 2001, pp. 100-107.

[116] K. F. A. Hussein, " Accurate representation of excitation and loading for arbitrarily shaped antennas composed of conducting surfaces in the method of moments", *Progress In Electromagnetics Research B*, Vol. 36, pp. 151-171, 2012.